U0380694

Hi, baby
亲子馆系列 004

听宝宝说话

LISTEN TO YOUR BABY

0~6 岁婴幼儿身心发展及家庭早教宝典

周育如 —— 著

CONTENTS

推荐序

安心成家，和乐育儿

黄乃毓（台湾师范大学人类发展与家庭学系教授）

应《亲子天下》之邀，为得意门生周育如的书写序，我真是百感交集。

第一次见到育如是她刚考进我们研究所博士班，当时她是两个孩子的专职妈妈，我问她来念书的目的，她说她想更多了解她的孩子。“需要如此大费周章吗？”我心里嘀咕。

看到她大学和硕士班都在政大教育系，受教于名师马信行，教过英文，却已辞职，如此背景来读博士班的还没见过！第一学期她就修了我的课，我发现她非常认真专注，上课提到哪本书，下课她就主动去找去买，还立即应用，之后主动跟我分享心得，我看着她的学习“一眠大一寸”，改变神速。在许多相处和互动中，我们成了朋友。

她对儿童发展的兴趣在她求学期间得到许多老师们的栽培，她也参与研究，写出很好的论文在专业期刊上发表，她的学术潜能可说是“一发不可收拾”！直到10年前有一天，她参加了一个研讨会，感触很深，我建议她写下来。“我帮你投稿。”我说。

据说，这是第一次，我也没想到她不只学术论文写得好，一般文章也可以畅所欲言。“这是上帝给你特别的恩赐，你要多写，帮助更多跟你当年一样困惑的父母。”感谢《亲子天下》这个平台，让她这些年可以陆陆续续发表“科普”文章，终于有这本书的诞生。

在这本书里，我们读到育如在儿童发展领域的融会贯通，书中她很诚恳地建议大人要真正了解孩子的

“有／没有”“能／不能”“需／不需”，才能够真正地帮助孩子，而非越帮越忙。爱，需要智慧，需要勇气，需要学习，例如有些父母在照顾孩子时希望能“有效率”，大部分畅销的育儿宝典仍是以大人的角度，教你如何有效控制和操纵孩子，而非从实证研究中去分析孩子的需求，育如指出，“父母或许觉得孩子都不哭了真好带，但事实上，这是最典型的习得性无助现象，是婴儿人生放弃努力的第一步。父母还是依需求响应孩子才是上策哦！”

真的，当你发现某些“招数”管用时，说不定就是孩子的“劫数”了。很多人莫名其妙，不懂为何自己已经如此努力，却总感到不是很对劲。或许，我们这些大人都需要转过头面对小孩，重新以谦卑的心情看待这些上天赐给我们的礼物。

当我们真正懂得尊重小小生命，相信“安心成家，和乐育儿”就不再是口号，而是可以落实的政策。

作者序 用爱塑脑

这是一本写给婴幼儿父母的科普书，内容介绍了0～6岁之间婴幼儿各领域的发展，以及父母跟孩子互动的重要教养技巧。希望父母们看了之后，了解到0～6岁这段期间的成长对孩子的一生至关重要，父母在这段时间教养的质量是多么关键！因此，愿意用心去了解孩子，以合适的方式帮助孩子成长。

进入儿童发展领域做研究，起因是我养育自己孩子的需求，但这些年随着教学和研究工作的进行，我接触到越来越多的家长和婴幼儿照顾机构，看到很多令人心痛的现象。在亲职讲座的场合，有新手父母说他们夫妻根据某教养书的教导，为了让孩子及早能够睡过夜，忍着心让一个多月大的婴儿哭整夜，哭到脸部涨红、身体发青，夫妻俩看不下去，但为了坚持，只好躲到另一个房间去；也有妈妈分享说，同事教她，宝宝生出来之后尽量不要跟孩子有眼神接触，这样等到要送给人托育的时候，就会非常顺利。我听了真是既惊诧又难过，婴儿持续剧烈哭泣会使脑内的压力荷尔蒙急速升高，时间拖太长甚至会损伤脑部；而眼神接触是最重要的互动指标，对早期亲子关系的建立和婴儿智能的开展都非常重要，这些父母都是高级知识分子，却听信这些似是而非的教养建议。

到托婴中心督导访视时，我更是经常在装潢精美的门面中，看到非常糟糕的照顾本质，孩子整天待在有限的室内空间，由戴着口罩看不到表情的保育员喂食清理，或做一些粗浅贫乏的互动，其中一个长得非常可爱的发展迟缓的女孩躺在托婴中心地板的景象，常常浮现在我的脑海中。托婴中心是如此，幼儿园也好不到哪去，塞满分科教学的劣质幼儿园大行其道，小小的孩子以完全违背发展原则的方式被教导，就这样度过人生最重要的童年。每次想到这些婴儿和孩子的脸孔，心里就觉得很难受，我相信父母们一定都是想给孩子最好的，却因为没有足够的信息而做出不合适的判断。

当前欧美国家皆致力补贴育婴假、提供育儿津贴，并尽可能提供教养资源来协助父母有效育儿，包括发放阅读礼袋、提供婴幼儿父母亲子互动技巧指导等，弱势孩童的早期介入方案更是以父母参与为核心。反思我们教育部门的做法，实在还有很大的调整空间。

受到良心的催逼，真的觉得该为孩子做点什么，教给婴幼儿的父母跟孩子互动的基本概念和技巧。多一点健康快乐的亲子，少一点人间悲剧，这本书就是这样来的。

希望这本书对父母来说，很好看，很实用。不仅帮助父母，帮助孩子，也帮国家做点事。

前言 在开始阅读之前

儿童发展是一门很有趣的学问，探究人类孩童成长的内涵、历程和影响因素。不管是研究者、父母、老师或是任何想了解人类发展历程的人，都可以在儿童发展的领域中窥得生命的奥妙、领略教养的技巧，并生长出更多对生命的敬畏和尊重。

这本书试着在儿童发展的知识中，选出对父母最切身相关、最实用的部分来加以介绍，希望以发展知识和教养建议兼具的方式，让父母了解孩童发展过程中到底发生了什么事，父母又可以如何帮助孩子成长。

本书分成 8 个部分：

第一个部分是基本概念，说明父母教养为什么对婴幼儿格外重要、新手父母应该知道的基本知识；之后介绍 0 ~ 6 岁婴幼儿发展的关键里程碑，包括要观察什么以及要介入什么，这篇文章内容有点多但非常重要，请爸爸妈妈阅读时一定不要跳过。

第二到第五部分依序是生理发展、认知发展、语言发展以及社会情绪发展，并提供教养建议，请爸爸妈妈要先看发展的观念，再使用教养技巧，这样才能把握原则。

第六到第七部分则是关于教养理念和管教孩子的重要观念和技巧，包括如何分辨教养建议、如何观察孩子的行为及如何进行有效管教等，能解答一些父母常见的疑惑。

第八部分则是孩子最常见的疑难杂症，提供父母聪明应对的方法，希望对父母有实质的帮助。

好了，我们从最重要的基本概念开始吧！

第 1 部

基本观念

· 婴幼儿发展，父母千万别缺席

· 新手爸妈的 3 堂必修课

· 婴幼儿发展的关键里程碑

chapter 1

婴幼儿发展，父母千万别缺席

人一生的发展中变化最快的就是 0 ~ 6 岁这段时期，大脑突触的联结、身体的发育、智力和语言能力的开展、社会情绪的学习，都在这 6 年有很惊人的跃升。有研究指称，到了 6 岁左右，孩子大脑突触的联结量会达到 80% 左右。因此，就发展而言，0 ~ 6 岁可以说是最重要的时期。在早疗界有句话说“1 年的早疗胜过 10 年的治疗”，而早疗的黄金期就是 0 ~ 6 岁！

很多父母认为，婴儿大多数时间都在睡觉，哭起来很烦，自己不是很会带孩子，又有事业要冲刺，干脆给人带，先熬过头两年再说。等孩子大一点，就可以送去上幼儿园，反正就是吃吃点心、玩玩游戏，做得到的话就让他多上一点才艺课。等到孩子上小学开始有课业学习了，再来好好陪孩子做功课，教孩子学习。

但是，这样的观念和孩子发展的事实却是完全背道而驰的！

人一生的发展中变化最快的就是 0 ~ 6 岁这段时期，大脑突触的联结、身体的发育、智力和语言能力的开展、社会情绪的学习，在这 6 年都有很惊人的跃升。有研究指称，到了 6 岁左右，孩子大脑突触的联结量会达到 80% 左右。因此，就发展而言，0 ~ 6 岁可以说是最重要的时期。

因此，父母如果希望孩子头脑好身体壮，又聪明又健康，最需要投入

的时间就是 0 ~ 6 岁，而不是 6 岁以后！这就像如果想长高，就要在青春期时好好睡觉、好好运动，青春期不努力，等到成年了再怎么懊悔也只能恨天高了！同样的道理，父母如果关心孩子身体和心智的发展，最要把握的就是婴幼儿时期。这时好好把孩子养健康教聪明，以后可以避免很多教养问题，甚至可以节省大量补习费，绝对是最划算的投资！

当父母需要学习，不是自然就会的。婴幼儿成长得好不好，除了受遗传影响以外，最关键的就是环境的刺激和教养的质量。而好的照顾质量无法凭空出现，每个婴儿的特质和需求也都不太一样，**唯有主要照顾者具备婴幼儿发展的知识，在实际互动中学习观察自己孩子的特质和需求，根据孩子的状况给予敏锐和适切的响应，这样的照顾质量才能有效支撑孩子成长的需要。**而练习照顾自己孩子的过程就是最好的学习机会！

更重要的是，父母和婴幼儿建立起良好的依附和互动响应模式后，不仅婴幼儿可以得到较好的发展，父母也因为对自己孩子的特质有更清楚的了解，在孩子之后的成长过程中，可以持续根据孩子的特质给予合宜的教养。这个效应非常长期，可以从婴幼儿一直持续到青少年！

如果父母真的没有办法花太多时间照顾自己的孩子，那么一定要谨慎地为孩子选择托育环境，同时要记得，不管孩子是送到保姆家、送到托婴中心或大一点已经送去上幼儿园了，**父母永远是孩子最重要的教养者，没有人可以取代父母的角色，**父母也不可以把教养的责任全都推给保姆或学校的老师。孩子教得好不好，责任最大的是父母，孩子发展得好不好，受到影响最大的也是父母和孩子本身，不是别人。

所以，既然有幸为人父母，爸爸妈妈一定要把握 0 ~ 6 岁这段时间，好好认识孩子的特质，尽可能亲力亲为，学习跟孩子互动，亲子互动就像滚雪球一样，只要启动一个良性循环，就会越来越好、越来越顺手。

同时，越来越多的研究发现，爸爸对孩子的影响和妈妈对孩子的影响不一样，所以，爸爸和妈妈都要参与孩子的成长才好。

爱与陪伴是孩子成长的养分，不要让孩子虽有父母却没有足够的陪伴和教养，或让孩子从出生开始就在保姆、早教中心、学校、托管班、补习班之间不断被转手直到长大，当中将不知有多少错过和遗憾！

0 ~ 6 岁是孩子发展的黄金期，爸爸妈妈千万别缺席！

chapter 2

新手爸妈的 3 堂必修课

有对年轻夫妻最近刚生下第一个宝宝，满怀迎接新生命的喜悦，他们问我："有什么事是当父母一定要知道的？"我想，至少有 3 件事，是为人父、为人母的必修学分。

新手父母必修课 1：多了解婴幼儿发展知识

具备婴幼儿发展的知识，将帮助父母了解宝宝成长过程中身心特质会产生什么样的变化；大概在几个月大或几岁时，孩子会开始出现什么行为或什么能力；以及在大脑与身体、认知、语言、社会情绪等几个重要的发展层面上，父母应该提供哪些重要的经验给宝宝，才能让宝宝发展得好。

有了这些基本知识，父母就可以判别宝宝在各领域的发展是否正常。这种及早发现真的很重要，如果随时发现孩子有问题或发展落后，就赶快补救的话，早期的补救效果最大。如果等到上小学发生适应问题了，才惊觉事态严重，那时就已经错过早疗的黄金期了。如果你有机会亲眼看看疗育中心的孩子复健的艰辛过程，就能体会什么叫"千金难买早知道”。父母有了婴幼儿发展的知识，并且多留意观察孩子，可以避免很多不必要的遗憾！

对于正常的婴幼儿来说，发展的知识也可以帮助父母提供好的照顾及教育经验。例如，当父母了解 0 ～ 6 岁是宝宝大脑发育最快速的时期，这个时候绝大多数宝宝吃进去的营养都被用来供应脑部发展所需，父母就会仔细在饮食中提供深色蔬果、高质量的蛋白质、钙质和鱼油等，让宝宝发育中的大脑得到足够的营养；如果父母了解原来宝宝在身体、认知、语言、社会情绪等几个层面都需要发展，父母就会留意每天让宝宝有足够的身体活动，让宝宝多玩、多探索；跟宝宝说话时注意语言词汇的丰富度，尽量清晰完整描述事情，同时知道要仔细地教导孩子情绪表达的语言词汇和情绪调节的方式，并提供人际互动的适当引导。

换句话说，**具备这些知识的父母可以提供很有效的教养，孩子可以发展得很好；但不知道严重性或没有发展概念的父母，孩子还是会长大，但发展上很可能就有很多缺憾。**

新手父母必修课 2：面对教养信息，保持理性

现在坊间有一大堆内容似是而非的教养书籍，明星、名人或任何人都可以变成亲职专家。这些经验不是不能参考，但很常见的是，这些根据经验而非根据专业写出来的教养书，通常把重点放在如何做以及多有效，但作者说不清楚有效的真正理由是什么，这种知其然而不知其所以然的教养可能有很大的风险。

于是，就会发生有些父母为了让宝宝及早睡过夜而任由婴儿哭整晚，没有仔细辨别婴儿哭泣可能有其他的原因，也无视于婴儿长时间剧烈哭泣

时，过高的压力荷尔蒙对婴儿脑部可能造成的伤害；也有父母严格的训练孩子，以为这样叫作坚持原则，可以让孩子学会自律，却不知研究发现，这些行为主义挂帅的国家，养出了最高比例逃避式依附的婴幼儿，而行为掌控式的教导，也常教出表面顺从而缺乏同情心的孩子。

此外，在早教中心及学校的选择上，一定要确认是有助孩子发展的环境，不要听信广告或业者的宣传。已经有研究发现，让婴儿处在无刺激的、无色的房间生活，很少和他们说话或互动，会造成早期知觉的损伤，一直翻闪卡试图刺激婴儿的做法也被证实不仅无效，反而会造成婴儿退缩，甚至造成近似刺激剥夺的状态，而这正是目前很多不良保姆或托婴中心的现状；幼儿园的部分情况也很严重，塞满分科教学、才艺教学的幼儿园大行其道，孩子如果去上了这样的幼儿园，因为比人家早学一些知识和才艺的东西，一开始看起来好像很棒、很聪明，赢在起跑点上，但研究已经发现，这些孩子上了小学之后，优势并无法维持太久，反而在主动学习、自我情绪的调节和人际协商处理方面的能力都比较差。

因此，**面对各种教养建议，父母心中要有一把尺，想想这些教养建议，是不是符合孩子发展的原则，如果不确定，就要去寻求专业知识而不是道听途说。**

新手父母必修课 3：心存感激，珍惜与孩子相处的时光

这是我自己最重要的体会。仿佛不久前，我也还是新手父母，手忙脚乱地喂奶、换尿布。这些年，孩子的小手带着我学习了很多重要的生命功课，孩子捡拾阳光底下闪闪发亮的小石子，仿佛看到宝石一般的欣喜神态，教会了我用孩子的眼光重新看见世界的奇妙。教养孩子过程中所遇到的困

顿，更让我重新回顾自己的成长，展开自我生命的修复与整理。陪伴孩子的成长总让我深深感到生命的惊奇，并对于能够为人父母充满感激。

现在孩子长得和我一样高了，细数这些年教养孩子的历程，都觉得无比珍贵。我常想，如果当时少忙一点工作，多陪一下孩子，该有多好！能够为人父母是很大的福分，希望每位父母都能好好爱、好好陪伴，细细品味孩子成长的点点滴滴，体会生命中很辛苦却是最美好的时光。

chapter 3

婴幼儿发展的关键里程碑

0～6岁是孩子发展的黄金期。爸妈要对孩子各阶段发展有基本概念，才能给予适龄的教养。

生命的奥妙

孩子的发展是奥妙的过程。光是一个精子和一个卵子的结合，所能产生子代的基因组合就高达2的23次方种，约800万种可能性；再加上染色体互换的过程，又产生近6亿4 000万种可能的变化。

之后，这个“亿中选一”的独特生命开始在母体内成长，中枢神经系统开始发育，心脏开始跳动，四肢五官开始形成，一直到最后呱呱坠地。过程中历经的变化极为复杂精妙。因此，每个来到世上的孩子都是独一无二的奇妙生命。

随着成长，孩子的身心特质会产生系统性的、持续性的变化，这个成长变化的过程称之为“发展”。**决定孩子发展有两个最重要的因素：一个是**

“遗传”，也就是爸妈所传给孩子的基因组合；另一个是“环境”，指的是孩子与外界环境互动所造成的影响。

因为有来自遗传的影响，孩子不只长得像爸爸妈妈，个性和许多身心特质也会跟父母有很多相像的地方。例如有些父母抱怨孩子坏脾气，其实自己也固执得很，孩子只不过是“跟父母一个样”罢了！有了这一层的了解，父母在要求孩子的同时，可能会稍微宽容一点。

除了遗传的影响外，对教养上最有意义的莫过于环境所能发挥的影响力了。

幼儿时期是人一生中身心发展最快速的时期，发展学家常称 0 ~ 6 岁是孩子发展的黄金时期，不只脑神经元在此时快速且大量的联结，孩子的身体、认知、语言、社会情绪和自理能力，也在此时有极大的进展。在这个过程中，孩子成长的环境是否能支持他的发展，将决定他是否有好的发展结果，对孩子的一生影响巨大。

婴儿期与幼儿期的发展观察

父母想要帮助孩子成长，了解并掌握孩子各领域发展的情况是非常重要的，当中首要的就是观察的知识。

★ 婴儿期的观察：观察孩子的反射能力和知觉发展。

在新生儿阶段，如果父母在带孩子进行健康检查的时候留意一下，会发现医生会拿支笔给孩子握握看、压压孩子的脚底、用手碰碰孩子的嘴角……这可不是医生在逗孩子玩，而是在检查孩子的基本反射能力。

从新生儿到婴儿早期的阶段，反射能力是孩子神经生理发展是否正常的重要信息。此时重要的反射包括吸吮反射、抓握反射、莫罗反射等。通常新生儿的反射会在 6 ~ 8 个月左右消失，开始学会控制自己的躯干，配合感官知觉发展协调和自主动作。

如果反射太弱或缺乏、过度僵硬或夸张，以及超过应该消失的发展点后却依然出现反射，表示婴儿的大脑皮质可能受损，父母要特别留意。

此外，医生也常会拿颗红球在孩子眼前晃来晃去，或在孩子耳边东敲敲西敲敲，这是在检查孩子的视知觉和听知觉发展的情况，包括孩子是否能顺利地追视物体，以及听到声音会不会转头往音源方向去找，视知觉和听知觉是智能发展最基本的条件，非常重要。此外，父母也要观察婴儿看到熟人时会不会表现出开心的样子，互动时是不是会主动去看人的脸，并有眼神接触，这都是很重要的指标。

这些基本的检测，爸妈也可以自己做，如果发现孩子的反应异常，就要尽快带去医院做进一步的检查。

新生儿反射动作的重要意义

名称	反应
生存反射	
呼吸反射	重复呼气与吸气
吸吮反射	吸吮放在嘴中的物体
吞咽反射	吞咽
追踪反射	当触摸靠近嘴角的脸颊时，头部转向被触摸的方向
眨眼反射	快速闭上而后张开眼睛（尤其是在面对强光或在脸颊旁拍手时）
瞳孔反射	瞳孔遇强光时收缩，遇黑暗时放大
原型反射	
巴宾斯基反射	触摸新生儿脚心，脚趾向外展开，然后内缩
手抓握反射	当以手指或其他物体触碰新生儿手掌时，新生儿手指弯曲抓握
莫罗反射	如果新生儿在抱着的情况下，忽然被放开或是听到大声噪音，新生儿会将其手臂向外张开，背反弓，然后手臂向内收回好像要抓握什么东西一般
游泳反射	将新生儿面朝下放于水中，新生儿以手拨水、脚打水的自然反应
跨步反射	抓住新生儿的上臂，让其脚掌触碰平的台面，新生儿轮流抬高左右脚，做出踏步反应

发展现象	重要性
永久性	吸气提供氧气，呼气排出二氧化碳
永久性	摄食的基本动作
永久性	摄食的基本动作
在出生后数周内消失（以主动转头动作取代）	协助找寻食物
永久性	保护眼睛，避免强光或异物侵入
永久性	保护眼睛以适应环境中光线的强弱
在出生后 8 ~ 12 个月消失	出生时即能表现出来，然后自然消失，是为正常的神经系统反应
在出生后 3 ~ 4 个月消失，取代为自主性抓握	出生时即能表现出来，然后自然消失，是为正常的神经系统反应
在出生后 6 ~ 7 个月消失（但对大声的噪音仍会有惊吓的反应）	可能在人类演化史中，能帮助婴儿抱住母亲。出生时即能表现出来，然后自然消失，是正常的神经系统反应
在出生后 4 ~ 6 个月消失	协助新生儿落水时存活
在出生后 2 个月消失	是新生儿自主性跨步的准备

小辞典

▸ 追视能力检查方式：

拿一颗红球或颜色鲜明的物品，在婴儿眼前大约30厘米处轻轻晃动，当婴儿注意到了红球并开始注视时，开始慢慢地向左右移动球，看婴儿的眼睛会不会跟着追视球体，婴儿早期良好的追视能力已被发现与长大后的智力有关。

▸ 听知觉的检测方式：

在婴儿的侧后方摇铃或发出声响，看婴儿会不会转头去找声音，留意发出声响的位置必须是在婴儿往前正视时看不到的地方，同时注意看婴儿转头找音源的方向是不是与声音发出的方向一致，例如听到左后方发出的声音，头往左边转过去找。

孩子如果有听力的问题，会影响语言和智能发展，父母如果发现孩子可能有听力问题，一定要及早诊治。

★ **幼儿期的观察：善用发展里程碑及发展检核表。**

到了幼儿期，爸妈要知道孩子的发展状况是否正常，最简单的方法就是对照“幼儿发展里程碑”或“幼儿发展检核表”。

所谓的儿童发展里程碑及发展检核表，是用来说明每个年龄的幼儿，在该年龄其身心发展通常可以达到的行为。通常在表中会有“身体动作”“认知”“语言”“社会情绪”和“自理能力”等项目，分成不同的月龄或年龄，说明重要的能力有哪些。

通过发展里程碑及发展检核表，爸妈可了解与孩子同龄的幼儿大多已能做到的事情有哪些，对比自己的孩子是不是也能做到，借此能知道孩子身心发展是大致正常还是有些慢了。如果发现孩子有发展迟缓的现象，爸妈就要积极地带孩子进行疗育。

0 ~ 6 岁间的疗育非常有效，只要用对方法，孩子通常可得到很大的帮助，千万不要存着“大只鸡晚啼”的错误想法，延误了孩子疗育的黄金期。目前在很多医院都可取得 0 ~ 6 岁儿童发展里程碑或发展检核表的资料。建议爸妈一定要善用这些资料。

婴幼儿发展里程碑

1 ~ 12 个月的发展		
年龄 \ 项目	**粗动作**	**精细动作**
1 个月	• 俯卧时头稍可抬起	• 会反射性抓住放入手中之物
2 个月	• 俯卧时头可抬起 45°	• 眼睛可随物体转动 90° 以上
3 个月	• 俯卧时头可抬起 90°	• 双手可移在胸前接触
4 个月	• 协助坐起时头可以固定 • 侧躺	• 可将手抓住的物品送入嘴巴
5 个月	• 拉小孩坐起他会稍用力配合 • 头不会后仰	• 两手可各自抓紧小物品
6 个月	• 完全会翻身 • 坐着用双手可支撑 30 秒	• 手会去玩弄系在玩具上的线 • 会敲打玩具
7 个月	• 肚子触地式爬行 • 抱起会在大人腿上乱跳	• 坐着时手会各拿一块积木 • 将积木从一只手移到另一只手
8 个月	• 坐得很好 • 双膝爬行	• 手像耙子一样抓东西
9 个月	• 看到陌生人会哭 • 扶着东西可维持站的姿势 • 可前进后退爬行	• 看到陌生人会哭 • 以拇指合并 4 指钳物 • 以食指触碰或推东西
10 个月	• 扶东西边缘会移步 • 站着时会想办法坐下	• 拍手 • 双手各拿一块积木相互敲打
11 个月	• 独自站 10 秒 • 拉着一只手可以走	• 会把小东西放入杯子或容器中
12 个月	• 单独走几步 • 蹲着可以站起来	• 以拇指和食指尖拿东西

1 ~ 12 个月的发展	
语言	**人际社会关系**
• 听到声音会转头	• 注意别人的脸
• 发出各种无意义声音	• 逗他会微笑
• 发出 a、u 等牙牙学语声 • 笑出声音	• 会自动对人笑
• 偶尔模仿大人的声调	• 会注意其他孩子的存在
• 会因高兴而尖叫	
• 开始出现元音 a、i、u	• 自己会拿饼干吃
• 正确转向音源	• 会设法取较远处的玩具
• 发出 ba、ma、di 声 • 注意听熟悉的声音	• 会玩躲猫猫
• 会随着大人的手或眼神注视某样东西	• 看到陌生人会哭
• 模仿大人说话声 • 对叫自己名字有反应	• 会抓住汤匙 • 可拉下头上的帽子
• 会挥手表示拜拜 • 知道别人的名字	• 以手指出要去的地方或想要的东西
• 有意义地叫爸爸、妈妈 • 以摇头、点头表示要或不要	• 不流口水 • 会和其他小孩一起玩

★ 以上是大概的婴幼儿发展里程碑，有的会有 1~2 个月的差距，尤其语言及人际社会关系会因教导的关系相差更大。

1~3 岁			
年龄 \ 项目	粗动作	精细动作	语言表达
12 ~ 14 个月	• 可维持跪姿 • 会侧行数步 • 走得很稳，会转身	• 一只手同时捡起 2 个小东西 • 可重叠 2 块积木 • 可将瓶中物倒出	• 模仿未听过的音 • 会用一些单字
14 ~ 16 个月	• 可独自由趴着变成手扶地站立 • 随音乐而做简单的跳舞动作 • 扶栏杆爬 3 层楼梯	• 会打开盒盖 • 自动拿笔乱涂 • 已固定较喜欢用哪边的手	• 会说 10 个单字 • 会说一些 2 个字的名词
16 ~ 19 个月	• 自己坐上婴儿椅 • 扶着可单脚站立 • 一脚站立另一脚踢大球	• 可叠 3 块积木 • 模仿画直线 • 可认出圆形，并放在模型板上	• 会哼哼唱唱 • 至少会用 10 个字
19 ~ 21 个月	• 能弯腰捡东西不跌倒 • 手心朝上抛球 • 不扶物由蹲姿站起	• 模仿折纸动作 • 会上玩具发条 • 模仿画直线或圆形线条	• 会说谢谢 • 会用语言要求别人做什么
21 ~ 24 个月	• 自己单独上下椅子 • 原地双脚离地跳跃 • 脚着地方式带动小三轮车	• 球丢给他，他会去捕捉 • 可一页一页翻厚书 • 叠高 6 ~ 7 个积木	• 会重复字句的最后一两个字 • 会讲 50 个字汇
24 ~ 27 个月	• 用整个脚掌跑步并可避开障碍物 • 可倒退走 3 米 • 不扶物，单脚站 1 秒以上	• 模仿画横线 • 可依样用 3 块积木排直线 • 可一页一页翻薄书	• 懂得简单的数量（多、少）、所有权（谁的）、地点（里面、上面）的观念 • 稍微有一点“过去”的观念
27 ~ 31 个月	• 双脚较远距离跳跃、向前翻跟斗 • 单脚可跳跃 2 次以上	• 叠高 8 块积木 • 会用打蛋器 • 玩黏土时，会给自己成品命名	• 会问“谁……哪里……做什么……”句子 • 会用“这个”“那个”冠词
31 ~ 36 个月	• 一脚一阶上下楼梯 • 单脚可平衡站立 • 会骑小三轮车 • 会过肩投球	• 模仿画圆形 • 用小剪刀，不一定剪得好	• 会正确使用“我们”“你们”“他们” • 会用“什么”“怎么会”“如果”“因为”“但是”

1~3 岁		
语言理解	社会性	身边处理
• 知道大部分物品名称 • 熟悉且位置固定的东西不见了会找	• 坚持要自己吃东西 • 模仿成人简单动作，如打人、抱哄洋娃娃……	• 会脱袜子尝试自己穿鞋（不一定能穿好）
• 在要求下，会指出熟悉的东西 • 会遵从简单的指示	• 睡觉时要抱心爱的玩具或衣物 • 出去散步时，能注意到路上各种东西	• 自己拿杯子喝水 • 自己用汤匙进食（会洒出）
• 了解一般动作如“亲亲”“抱抱”	• 被欺侮时会设法抵抗或还手 • 有能力主动拒绝别人的命令	• 会表示尿片湿了或大便了 • 午睡不尿床
• 回答一般问话，如“那个是什么” • 了解动词＋名词的句子，如“丢球”	• 会对其他孩子表示同情或安慰	• 会区分东西可不可以吃 • 会打开糖果包装
• 知道玩伴的名字 • 认得出电视上常见之物	• 帮忙做一些简单家事 • 会咒骂玩伴、玩具……	• 脱下未扣扣子的外套 • 会用语言或姿势表示要尿尿或大便
• 了解“上”“下”“里面”“旁边”等位置观念 • 知道在什么场合通常都做什么事	• 会去帮助别人 • 会和其他孩子合作，做一件事或造一个东西	• 在帮忙下会用肥皂洗手并擦干了
• 知道“明天”意味着不是“现在” • 会回答“谁在做什么”的问句	• 对幼小的孩子会保护 • 会告状	• 白天可控制大小便 • 会拉下裤子，准备大小便
• 会回答有关位置、所有权及数量的问话 • 会接熟悉的语句或故事	• 会找借口以逃避责罚 • 自己能去邻居小朋友家玩	• 自行大小便 • 能自己解开 1 个或 1 个以上的纽扣

3～6岁			
年龄\项目	粗动作	精细动作	语言表达
3岁～3岁6个月	• 走路两手交互摆动 • 可绕障碍物跑过去 • 丢球可丢3米远 • 想办法用手臂接球 • 单脚站立5秒	• 会开、盖小罐子 • 可完成菱形图的连连看 • 模仿画十字形	• 会用否定命令句，如“不要做……” • 会用“这是……”来表达 • 会用“什么时候……”的问句
3岁6个月～4岁	• 可接住反弹球 • 以脚趾接脚跟向前走直线 • 原地单脚跳	• 自己画十字形 • 模仿画X形	• 可解释简单图画 • 图画词汇至少可说出14种或以上
4岁～4岁6个月	• 以单脚向前跳 • 向上攀爬垂直的阶梯 • 过肩丢球三四米 • 单脚站立10秒	• 照着样子写自己名字、简单的字 • 25秒内可将10个小珠子放入瓶中 • 用剪刀剪直线 • 跟着折纸痕折纸	• 正确使用“为什么” • 为引起别人注意会用夸张的语调及简单语句 • 至少能唱完一首完整的儿歌 • 会用“和XX”“靠近XX”“在XX旁边”
4岁6个月～5岁	• 单脚连续向前跳2~3步 • 骑三轮车绕障碍物 • 双脚跳在5秒内可跳7～8次	• 会写自己的名字 • 会画图但还不太好 • 会用绳打结、系鞋带 • 会扣扣子和解扣子 • 能画身体3个部分	• 会用“一个XX” • 会说出相反词三种中对两种 • 会由1数到10或以上
5岁～5岁6个月	• 脚尖平衡站10秒 • 用双手接住反弹的乒乓球 • 主动且有技巧地攀爬、滑、溜、摇摆	• 自己会写一些字 • 20秒中可将10个珠子放入瓶中 • 会写1～5的数字 • 会画三角形	• 可说出物体的用途，如“帽子是戴在头上” • 会说6个词语的意思 • 会说出3种物体的成分
5岁6个月～6岁	• 有顺序、有韵律的两脚交换跳跃，如跳绳 • 跑得很好 • 可以用手接住丢来的球（15厘米大） • 用脚趾接脚跟倒退走直线	• 以拇指触碰其他4指 • 将鞋子、鞋带穿好 • 能画身体6个部分	• 能很流利地表达 • 可经由点数而区分两堆东西是不是一样多

3 ~ 6 岁		
语言理解	**社会性**	**身边处理**
• 了解“大”“小”“上”“下”“前”“后”“里”“外” • 能回答“这是谁的”“为什么”等问题	• 会道歉，当做错事会说“对不起” • 已有一个要好同伴 • 会给小朋友一些暗示	• 从小壶倒水喝，不会泼得到处都是 • 自己脱衣服 • 晚上不会尿床
• 能回答“有多少”“多久”的问题 • 了解昨天、今天	• 会与其他小孩在游戏中比赛 • 能自己过斑马线或过街	• 会穿长筒鞋子 • 自己洗脸、刷牙（但洗得还不好）
• 了解“多远” • 会区分相同或不同的形状	• 在没人照管下在住家附近溜达 • 会在游戏中称赞或批评别的小朋友的行为	• 穿鞋不会弄错脚 • 自己上厕所（包括清洁及穿裤子） • 自己洗脸洗得很好
• 懂得“多加一点”及“减少一点” • 会在要求下指出一系列东西中第几个是哪一个	• 会同情、安慰同伴（用语言） • 和同伴计划将来玩什么	• 会穿袜子 • 扣衬衫、裤子、外套的扣子 • 晚上睡醒会自己上厕所
• 会区分“最接近”“最远”“整个”“一半” • 依要求能正确找出 1 ~ 10 的数字	• 在游戏中有些性别区分了 • 会选择要好的朋友 • 游戏中会遵守公平及规则	• 自己换上睡衣或脱下衣服 • 能将食物组合在一起，如三明治
• 了解“以前”“以后” • 区分左、右	• 能认得一些拼音及汉字 • 会玩简单桌上游戏，如扑克牌 • 和同伴分享秘密（不告诉大人）	• 会用刀子切东西 • 自己会梳或刷头发 • 自己系鞋带

★ 以上图表为 3 ~ 6 岁儿童的大略发展过程，提供给父母做参考。仅有几个月的差距，未必表示发展迟缓，其中语言、社会性及身边处理等项目，和教导与否有很大关系。

婴幼儿期重要的亲子互动

爸妈除了要时时留意孩子发展的情况，更重要的是，要提供支持孩子发展的优质环境。所谓优质的环境，不是花大钱买昂贵的进口玩具，或把孩子送去潜能开发；而是用心地、好好地和孩子互动，真心陪伴孩子成长。

★ 婴幼儿期：提供感官探索机会

配合孩子的发展阶段，在婴幼儿时期，孩子的感官正在快速发育，爸妈可多和婴幼儿进行以下的活动：

1. 身体活动：身体的刺激非常有助于孩子脑部的发育和感觉统合的发展。爸妈可经常拥抱孩子，或进行婴儿按摩。另外，也可以和孩子玩些有趣的动作游戏，例如：在床上或软垫上翻滚、听音乐舞动身体等相关的肢体游戏。

2. 探索和游戏：在安全无虞的情况下，放手让孩子玩水、玩沙、到处观看聆听、东摸西玩、经常接触大自然，这些经验对孩子的智能成长极有帮助。

3. 亲子共读：陪宝宝阅读是一种非常有助于婴幼儿认知和语言发展的活动。爸妈一定要把握这段时期，陪孩子一起享受阅读的时光，不仅能增进亲子感情，早期的共读经验将有助于孩子文字概念的形成、语言的发展及智能的启发。

★ 幼儿期：深化经验，供应孩子发展的需求

等孩子年纪更大一些，父母就可以提升孩子进行活动的质与量。除了扩大实际生活体验的范围外，也要在言谈和阅读中加入各种想法和感受的讨论，让孩子在日常生活的观察、探索和思考中拓展深层的经验。

此外，随着孩子能力的增加，爸妈也会开始感到孩子成长所带来的压

力。很多父母到了孩子 3 岁左右，突然觉得原本的小天使不见了，变成一个脾气又执拗又任性的小麻烦，甚至是小霸王，因而非常忧心自己是不是教养上出了什么差错。

事实上，大约 3 岁左右，孩子的自主需求开始发展出来，他凡事都想自己做做看，也想测试看看父母的界限在哪里。当孩子有这样的反应，爸妈要尽可能站在理解和帮忙的角度，帮助孩子展开了解“我是谁”的人生第一步。同样的，只要没有安全方面的顾虑，孩子要自己吃饭、穿衣、刷牙……就让他去试吧！不要事事要求完美，准备不会破的碗盘、容忍穿得不太完美整齐的衣着……当孩子做不好时，忍着点，多鼓励；当孩子做得好时，请大大地赞美褒奖。**这个时间对孩子采取较宽容的态度是很重要的，孩子的独立性和自我效能感会因此慢慢发展出来。**

孩子是上天所赐的奇妙礼物，我们何其有幸可以为人父母。爸妈们只要把握孩子发展的重要信息，通过观察留意孩子的发展是不是正常，并配合孩子不同时期的需要提供合宜的互动，你将会发现，养育孩子其实很好玩，很多我们过去没有发现的潜能和创意都会因为照顾孩子而激发出来，真是一段见证生命成长奇迹的美好时光！

来动动！

亲密关系的第一步：美妙的婴儿按摩

婴儿按摩好处多多，想跟孩子建立好的关系，可以从婴儿按摩开始做起。为宝宝按摩时的注意事项整理如下：

▸ 按摩前的准备工作：

1. **准备用品：**浴巾或棉毯、防水垫、婴儿按摩油。婴儿按摩油可使按摩时手的滑动更顺畅，按摩的效果会更好。因为宝宝有时候会去吃自己的手，所以要选择植物性没有加香料的婴儿油，这样宝宝吃到也没有关系。
2. **时间的选择：**按摩的最佳时机是宝宝展现出安静清醒状态的时候，可选在宝宝早上睡醒时或洗完澡后进行。避免喂食后 1 小时内按摩。
3. **室温的控制：**宝宝的保暖相当重要，夏天是 25℃ ~ 28℃，冬天是 28℃ ~ 30℃。不要选在有风的地方进行按摩。
4. **确认按摩者的手是平滑的：**指甲要剪干净，确认手上没有粗粗硬硬的皮，手表手环要脱下来，妈妈若留长发，要将头发扎起来。进行按摩前，按摩者要先将手洗干净，并在手中充分抹上按摩油再开始动作，如果手太冰，可以先浸泡温水再帮宝宝按摩。
5. **音乐：**帮宝宝按摩时，可准备一点音乐，按摩的同时播放柔和的音乐或是自己唱歌，可以让按摩者和宝宝都放松。
6. **舒服的位置：**通常会在大人的床按摩宝宝，为了防止宝宝尿尿在床上，可将大浴巾垫在床上，并在浴巾之下再垫一块防水垫。大人以跪姿跪在床边替宝宝按摩，因为大人采用弯腰的姿势会造成背痛。

▸ 按摩的注意事项：

1. 一对一进行多感官互动：“专心”是为宝宝按摩最重要的事，若父母可以专心帮宝宝按摩，宝宝也能专心地接受按摩。按摩的过程宝宝会看着爸妈的脸、听到爸妈跟他说话唱歌、闻到爸妈的气味、享受爸妈的抚触，是建立亲子依附和多感官互动的最佳时机。当然，婴儿按摩是爸爸和妈妈都可以为宝宝做的，但一次只要一个人做就好，千万不要爸妈一人抓一只脚哦！

2. 力道要轻：按摩时只要将手掌本身的重量放到婴儿身上即可，不需要再加其他力量。帮婴儿按摩时都以“静置抚触”开始，手法要轻柔，不要去压宝宝，尤其在按摩宝宝腹部时更要注意；爸爸的力气比较大，帮宝宝按摩时，更要注意力量的控制。

生理发展

- 宝宝的睡眠和哭泣
- 掌握 6 要素，长出聪明大脑
- 身体动动，智能情绪 up！ up！

chapter 1

宝宝的睡眠和哭泣

怀胎10月好辛苦，真希望宝宝赶快出生。但等到宝宝一出生，爸爸妈妈才发现：啊！原来怀在肚子里多轻松呀！到底新生的宝宝要怎么照顾才好呢？我每次去做婴幼儿的亲职演讲时，最常被问到2个问题，一个是“宝宝何时才能睡过夜”，另一个是“宝宝哭了要不要抱”。我的建议是，顺着孩子的状况进行判断，不要相信标准答案。

宝宝何时才能睡过夜？

新生儿大部分的时间都在睡觉，每天大约可以睡16～18个小时，随着月龄增加，白天会睡得少一些，夜里睡得长一些，越来越符合日夜交替的节奏。通常爸爸妈妈比较关心的是“宝宝什么时候才可以睡过夜”，让父母可以不再黑眼圈。

通常到了2个半月到3个月左右，婴儿夜里睡觉的时间会拉长。大约4个月左右时，多数父母大概可以如愿睡个较完整的觉。如果想让宝宝顺利睡久一点，白天可以让婴儿接触一点阳光，例如下午的时候带出去散散步，晚上会比较好入睡，睡前则要让婴儿吃奶吃饱，并给予轻拍及安抚，这些对较深长的睡眠都有帮助。但每个孩子状况不太一样，有些较敏感的孩子就一直很不好睡，遇到这种特质的宝宝，父母只好多忍耐一下，到 6 个月左右，婴儿会开始分泌有助睡眠的褪黑激素，到时候睡眠状况就会明显改善。

此外，有很多父母问我“百岁医生教养法”是不是有效，希望能借由让婴儿哭个够来训练婴儿睡眠。老实说，除非父母能排除婴儿的哭泣不是其他原因造成，否则是很危险的做法。而且，婴儿长时间剧烈哭泣会造成脑内压力荷尔蒙飙升，可能会损伤脑部。同时，每个婴儿特质不同，不是所有的婴儿都可以这样训练。**婴儿要睡过夜要有生理条件的支持，不是狠下心强制训练就可以做到。建议父母还是顺着孩子的需要和性情来照顾宝宝，不要盲从才好。**

至于宝宝要独睡还是和爸妈睡，就看父母的选择了。西方国家可能倾向于让宝宝独睡，但东方国家较多让宝宝睡父母身边。跨文化的研究发现，睡在母亲身边的宝宝入睡较快，性格较满足平静，独睡的宝宝则睡前花较长的时间自我抚慰或容易焦躁哭泣。这没有好坏之分，就看父母觉得让孩子舒服安心比较重要，还是留出属于夫妻两个人的空间比较值得。

宝宝哭了要不要抱？

婴儿都会哭，但哭了要不要抱呢？

孩子一哭就抱的状况，最常出现在第一胎。第一个宝贝在众心期盼下出生，只要一哭，爸爸、妈妈、爷爷、奶奶、外公、外婆就全员到齐，如临大敌，好像孩子哭是很严重的事。另一个极端是孩子怎么哭都尽量不去抱他。最常见的理由是有老一辈的人谆谆告诫说孩子宠不得，越抱孩子会越喜欢被人抱，要少抱才会好带。或是看了一些规范作息的书，想训练婴儿来配合父母。

老实说，不管是哪种做法，真的都太极端了！

婴儿哭是很正常的事，每个婴儿都会哭。新生的婴儿因为神经生理还不成熟，有时会莫名啼哭一阵，这没有什么关系，而且婴儿哭一哭有助强化心肺功能，也算是婴儿很好的运动，所以婴儿哭其实不用太紧张。

但重要的是，父母要了解婴儿为什么哭。婴儿会在饥饿、不舒服或有需求时通过哭泣来传达自己的状态，因为婴儿还不会说话，哭算是他的第一个语言；有些自己带宝宝的妈妈会发现，婴儿在不同的情况下哭的方式和声音不一样，细心的妈妈甚至可以根据婴儿的哭声来分辨宝宝究竟是肚子饿了？尿布湿了？身体不舒服？还是只是想找人玩？

因为哭泣是婴儿在传达自身的状况，所以，合理的做法是，当婴儿哭的时候，爸妈应该要去响应他。但响应的方式不是一哭就抱，而是应该要去看一下孩子的状况，如果是喂食的时间到了，就喂他；如果是尿布湿了，帮他换；如果是发烧或身体不舒服，赶快就医；如果只是想找人玩，就抱抱他、逗逗他和他说说话。也就是说，哭了要不要抱是一个太过简化的问题，父母要做的是，在孩子哭泣时，根据他的需求有效地、恰当地响应他。

恰当响应宝宝的需求

这种根据孩子需求做出的恰当响应非常重要，孩子会认识到他发出的信号是有意义的，对之后更有区辨性的主动行为及反应很有帮助，关系到早期智能的发展。

有时候，出生几个月的婴儿在睡前会大哭一阵才睡着，如果婴儿没有什么异常，父母不用太担心，因为有些婴儿的确会在睡前借由哭来宣泄压力。有时婴儿哭是因为肚子饿，如果连着好几次都是喂食时间还没到就哭，父母不要为了训练宝宝固定时间吃奶而去饿他，因为婴儿可能是胃长大了一些，只要增加奶量就可以让喂食时间恢复正常。

此外，有时父母会遇到婴儿持续啼哭不止，尤其是在黄昏的时候，一哭就是好几个小时，令父母抓狂，就医也检查不出个所以然来，这时医生可能会告诉父母说可能是肠绞痛。目前所知，肠绞痛可能只是反映婴儿胃肠发育不成熟的暂时现象，当孩子哭泣时，让他趴着，拍拍他的背安抚，或是帮孩子做一点腹部按摩舒缓不适，3 个月大之后通常会改善。

当然，有时婴儿哭纯粹是因为情绪上的需要，想要父母的拥抱和安抚。有些父母会担心，一直抱会不会宠坏了孩子？其实孩子的需求满足了，就不会想一直被抱着，会想去玩；婴儿出生第一年也没有宠坏的问题。父母要做的是根据孩子的需要去响应他，**婴儿需要大量的抚触和拥抱，如果孩子现在的需求就是抱抱，爸爸妈妈就张开双臂好好拥抱他吧！**

最后，可能有老一辈的人教导说婴儿哭了不要抱，自然就不太哭了，这样的做法并不恰当。孩子哭都不去响应的父母可能发现：哦！真的很有效哦！只要孩子哭都不要去理他，孩子真的就不太哭了。心理学上有个名词叫作“习得性无助”。当时做的是狗的实验，把狗关在电击箱中，如果狗试图逃跑就会被电击，之后，当电流切断后，狗可以自由离开了，狗却完全不再试图逃跑，因为它在之前的学习过程中学到，逃跑是没有用的。同样的，这些怎么哭都得不到响应的婴儿为什么就不太哭了，因为人类的婴儿是会学习的，他学到自己不管怎么努力，都不会有人理他。**父母或许觉得孩子都不哭了真好带，但事实上，这是最典型的习得性无助现象，是婴儿的人生放弃努力的第一步。父母还是依需求响应孩子才是上策哦！**

chapter 2

掌握 6 要素，长出聪明大脑

大脑的结构和运作，决定着孩子的智力、情绪和性格，其关键发展期在 0 ~ 6 岁。在这期间，把握影响脑部发展的 6 要素，是帮助孩子拥有一颗好用脑袋的最佳方法。

脑科学的进展，改变了我们对婴幼儿教育的看法。研究发现，0 ~ 6 岁是人类大脑发育最重要的时期。在这期间，脑神经元之间会因为环境的刺激快速地联结。因为每个孩子成长环境的丰富度和回馈质量不同，所以脑神经元之间联结的情况也会有所不同，结果就形成一颗颗独一无二的脑袋，每个孩子就会带着他这颗脑袋，展开他人生的旅程。在那之后，大脑虽然终身都有可塑性，但再无一个时期如同童年时期那样可以完成这么多的脑部构建。所以,0 ~ 6 岁这段时间构建出来的大脑结构好不好用，就影响孩子一生的发展。

那么，怎么样才能帮助孩子构建一颗好用的大脑呢？根据研究，影响孩子脑部发展的 6 个主要因素为：遗传、身体活动、饮食、探索与艺术、关爱、学习。父母如果能把握这些要素来帮助孩子，对孩子的脑部发展将有很大的帮助。

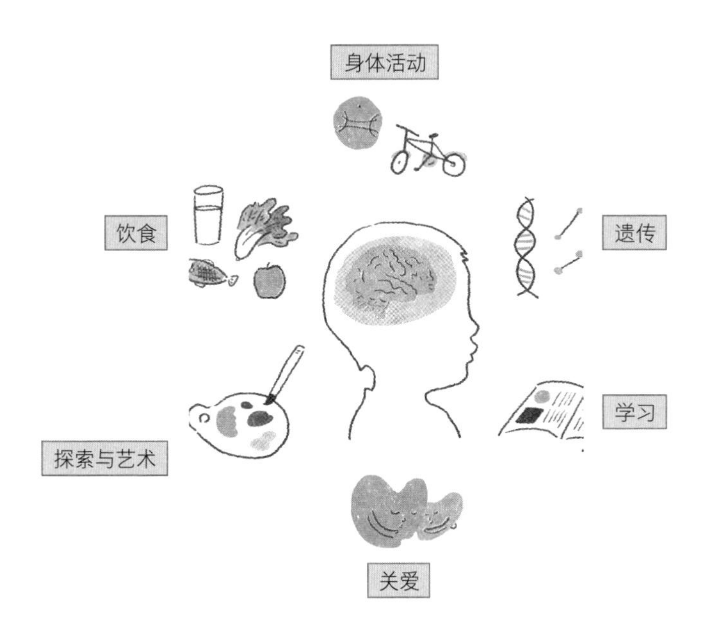

1. 遗传

孩子会得到父母的遗传，基因的强大力量将使得孩子不仅长得像父母，脑袋聪不聪明、个性好不好，其实也都会与父母相像。正因为孩子会像父母，当忍不住火冒三丈地指责孩子的时候，或许可以想想孩子的拗脾气是否正是自己的最佳翻版；当孩子书读不好时，不妨反省一下，自己当年也未必是多高明的学生。有了这样的体认，父母不妨对自己对孩子多一点欣赏和宽容，与其生气不满，不如想想如何帮助孩子从自己的基因版本往上升级。

2. 身体活动

身体长得健康，脑袋才会好，反应才会快，智力、语言、社会情绪的发展也才有根基。婴幼儿时期需要大量的感官和身体活动，父母希望孩子发展得好，在婴儿时期就要多拥抱、抚触、让孩子尽量爬行、翻滚、玩耍；孩子会走会跑以后，每天尽可能要让孩子至少有 30 分钟以上微微出汗的大肌肉活动，跑、跳、翻滚、玩耍都对孩子有益。身体的活动量越足，孩子不仅身体越强健，更重要的是，运动后脑内的多巴胺和血清素会上升，对孩子的脑部发育非常有好处。

3. 饮食

婴幼儿吃进的食物中有一大部分在供应脑部发展所需，所以营养非常重要！关于孩童饮食和学业成就的研究指出，“健脑食物”对孩子的学习表现特别有益，这些食物富含大脑运作所需的养分，因而有助于平稳孩子的情绪并改善孩子的专注力。这些食物包括了大量的深色蔬果、高质量的蛋白质、足够的水分、钙质、坚果和鱼油，父母要留意孩子的日常饮食是否包含这些食物并有足够的量。另外，父母也要特别留意，0 ~ 6 岁婴幼儿的脑部还很脆弱，高糖分食物和食品添加物会对脑神经造成严重的危害，“多吃食物、少吃食品”是一定要留意的原则。

4. 探索与艺术

婴幼儿时期，脑神经元一方面快速地联结，一方面也进行着大量的修剪。研究发现，伴随着强烈情绪的经验容易在大脑留下较强韧的联结，而较弱的联结很容易被修剪掉。当孩子从事具有挑战性的问题解决，或参与音乐、舞蹈、艺术创作活动时，高度的心智投入和情绪激发可以带来最好的学习效果。而**在婴幼儿时期，挑战性的问题解决和艺术活动可以用“玩”来归结，在丰富的环境中，让婴幼儿自发性地充分游玩，是让孩子长出聪明大脑的最佳途径。**

5. 关爱

足够的关爱也是长出健康大脑的必要条件！早些年一系列对受虐儿童的研究发现，受虐儿童常伴随学习迟缓的现象。但为何孩子身体受虐却造成脑袋变笨呢？近年脑部造影的研究发现，许多受虐儿的脑部有明显的萎缩形态，科学家因而推测，是受虐时极大的恐惧使脑内压力荷尔蒙升高，因而使脑部受损。后续以精神受虐儿童为对象的研究证实了这一点，这些孩子身体没有受虐，但长期被责骂、羞辱或恶意忽视，脑内压力荷尔蒙过高而伤害了脑部。而之后的研究甚至发现，孩子本身根本不用受虐，光是长期目睹父母家暴，看到自己的父母互相伤害，这些孩子的脑部也出现了类似的创伤形态，所以，“爱”是大脑发展重要的保护因子！

我在演讲时常常跟父母们说，如果**希望孩子的大脑发育得好，最好的办法不是花大钱送他去潜能开发，而是先给孩子一对相爱的父母和一个温暖的家庭。**

6. 学习

这项大概不用多讲，所有爸爸妈妈想得到可以帮助孩子更聪明更优秀的活动都包括在内。但要请父母留意的事情是，前面几项说穿了就是给孩子的基本生活照顾，如果孩子的基本生活照顾做得好，有大量的身体活动、好质量的饮食、丰富的玩耍和探索，再加上足够的关爱，6 大要素已经完成了 5 项，孩子身体健壮了，玩够了，爱也满足了，大脑发展一定差不到哪里去；但如果父母只注重最后“学习”这一项，拼命让孩子学东学西，却忽略了基本的生活照顾，结果就是现在很多孩子的样貌，例如好像很聪明会很多事，但体能差、脾气坏、挫折容忍度低、一天到晚觉得无聊、不爱自己、对别人也缺乏同情。

大脑的结构和运作决定孩子的智力、情绪和性格，请父母一定要把握影响孩子脑部发展的 6 大要素，帮助孩子构建一颗好用的脑袋，一生受用！

chapter 3

身体动动，智能情绪 up!up!

婴幼儿身体和大脑的发展速度，往往快得令父母感到惊奇。在这期间，父母该如何顺应幼儿的发展，掌握有效的运动重点，帮助幼儿在身体动作，甚至是大脑和情绪方面都有最好的发展呢？

从出生起，婴幼儿身体的成长往往令父母感到无比惊奇。

平均而言，在体重方面，4 ~ 6 个月婴儿体重可以达到出生时的 2 倍，1 岁时体重约为出生体重的 3 倍，2 岁时则会达到约 4 倍；身高方面，2 岁的幼儿身高已达成年高度的一半，之后每年约可长高 5 ~ 8 厘米，儿童中期稍稍趋缓，到了青春期又是一次身体的成长陡增。在这个身体快速成长的过程中，父母可以亲眼见证婴幼儿身体比例的改变：从出生时头大大、身体圆滚滚的娃娃比例，发展成为近似成人的身体比例；不仅如此，伴随着骨骼和肌肉的发育，开始有越来越复杂精巧的动作发展。这一连串令人叹为观止的过程，反映出大脑的逐步成熟，每一种展现的新动作，都代表了大脑运动皮质髓鞘化的新进展。

关于身体动作发展的新发现：成熟、学习以及动机

过去对于身体动作的发展，“成熟”被认为是主要的因素，不管是哪一种文化下的婴幼儿，他们的身体动作大致都依循“从头到脚”“从躯干到四肢”的原则，依着动作发展的里程碑在发展。当然，“后天经验”的影响也很重要，有较多机会练习身体动作的婴幼儿，不仅动作较熟练，在某些特定动作上，有机会多动、多练习的婴幼儿，也比没有机会好好动身体的婴幼儿发展得更早也更好。例如有机会到处爬行的婴儿，就比整天被抱在身上的婴儿更强健，也早一点学会走路。尽管成熟和后天练习是重要的，但最新的研究指出，婴幼儿身体动作的发展，还关乎婴幼儿本身的目标和动机。

研究发现，婴幼儿在自身动作的技能发展上，扮演了非常主动的角色。婴幼儿之所以努力去学习新的动作技能，是因为他们想探索环境，或是想要达成特定的目标。例如拿取不远处一个看起来很新奇的玩具，婴幼儿会尽其所能地主动使用，甚至重组修正自己现有的动作能力来达成目标，让新的动作能力因此逐渐熟练、形成。成熟、学习以及动机等三方面的研究，揭示了非常重要的教育内涵：如果在婴幼儿身体动作发展的过程中，主要照顾者能根据婴幼儿发展历程，提供足够的练习机会，给予丰富的探索环境，婴幼儿的身体动作可以有更好的发展。

身体好，脑袋情绪跟着好！

或许有父母会问，身体动作发展好不好有那么重要吗？若父母以为身体动作发展“不过就是长高长壮，运动神经发达些”罢了，那可就错了！事实上，**身体动作发展好的孩子，不仅强壮健康，专注力与智力都较为优**

秀、情绪也更稳定。原因在于身体活动会影响内分泌：肾上腺素可强化心脏功能及改善低血压，血清素可调节情绪并舒缓压力，而多巴胺不仅有助睡眠，还能改善注意力，提升学习效果。

父母若能用心帮助孩子身体动作发展，提供适合孩子的运动、律动、游戏，并协助孩子在日常生活中，进行各种使用身体动作技能的活动，将会带来极大好处，不仅帮助孩子长高长壮、身体强健，更对探索学习、稳定情绪与激发动机有莫大功效。那么，在婴幼儿时期，父母可以做些什么事情来帮助婴幼儿身体动作的发展呢？以下建议提供父母参考。

0 ~ 2 岁宝宝运动重点：婴儿按摩、身体活动与亲子游戏

婴儿按摩的好处已得到许多研究证实。在对早产儿的研究中发现，身体抚触可增加早产儿存活率；在产后忧郁症母亲的研究方面则发现，为婴儿按摩不仅有助婴儿早期发育，也可改善母体的内分泌；而在一般婴儿的按摩方面，研究也发现，婴儿按摩有助婴儿的睡眠、消化、发育与情绪稳定。

要提醒的是，按摩过程要“多感官互动”，可放点音乐，与婴儿要有眼神接触，并随时和宝宝说说话，例如“现在要按腿腿啰”“手指揉揉，1、2、3、4、5”。如此，孩子的身体得到抚触外，也有助发展婴儿对自己肢体姿势与位置变化的“本体觉”，并增进语汇，提升口语互动。

除了被动的按摩运动外，孩子能否产生“主动”的身体活动，更是 0 ~ 2 岁之间发展的重点。在 0 ~ 2 岁之间，婴儿从会翻身、坐、爬、站、走，一直到会跑能跳，父母可以通过合宜的婴儿运动或发展游戏来帮助孩子。

目前相关的书籍很多，如《婴儿运动：适合 0 ~ 15 个月宝宝的亲子

游戏》或《Smart Start：聪明宝宝从五感律动开始》等书籍，都是专业且亲和的婴儿运动实务手册，父母不妨参考后照着做，不仅可以体会与孩子一同运动的快乐，更能看见孩子的进步。重要的是，在过程中父母要培养“尊重”及“鼓励”的态度。尊重孩子眼前的发展，当他想要自主尝试某些动作时，容许他做久一点，多做几次，容许宝宝从错误中自我修正，观察反应并适度给他不一样的体验和挑战；同时，也别忘了抓住机会对话，解释他正在做的动作，并鼓励孩子进行新的尝试。

3～6岁幼儿运动重点：稳定性、移动性、操作性活动

台湾省幼儿园新课纲已于2012年正式上路，在这次的课纲修订采取了一个全新的思维：从幼儿发展的角度设计课程。在身体动作领域的发展上，专家结合了身体动作发展的里程碑与幼儿发展的实证调查，提出了在幼儿阶段的“身体动作发展重要能力指标”，非常值得父母参考。根据新课纲“身体动作与健康领域”的设计，幼儿身体动作的发展有3个重点：1）稳定性，包括伸、弯、蹲、旋、摆等身体动作能力；2）移动性，包括走、跑、踏、跳、滑等动作能力；3）操作性，包括大肌肉的投、接、踢、击、运，以及精细动作的揉、捏、抓、握、放。

孩子通过身体操控的活动，例如舞蹈、跑步等，体会并学习如何移动身体并取得协调平衡；也通过操作用具，例如打球、跳绳、玩游戏器材等，学习各种操作、稳定及移动等动作技能。

爸妈可由这个指标，看看平时孩子的身体活动内容是否合宜，是否能均衡充足地运动到大小肌肉与精细动作。为了配合孩子身体动作发展各方面的需求，父母可以把运动和游戏排入家庭生活节奏中，带着孩子定时定

量活动身体，若每天能进行 30 分钟左右微微出汗的运动是最理想的。研究指出，儿童时期的运动习惯会延续到成人，长期影响一个人的身体健康与运动意愿。最新研究更发现，运动比药物更能有效治疗忧郁症。这些都显示出“运动习惯”是儿时小小投资、终身大大受益的活动。

髓鞘化

脑神经纤维的“髓鞘化”（myelination），是大脑内部成熟的重要标记。我们可以把“髓鞘化”想象成绝缘材料（富含脂质的许旺氏细胞）一圈又一圈地缠绕在电线（轴突）外面，让电流（神经信号）能沿一定的道路迅速传导。新生儿出生时，脊髓、脑干已开始髓鞘化，之后陆续是与感觉、运动及运动系统有关的部位，最后才是与智力直接有关的额叶、顶叶区髓鞘化。

幼儿时期重要的基本动作技能

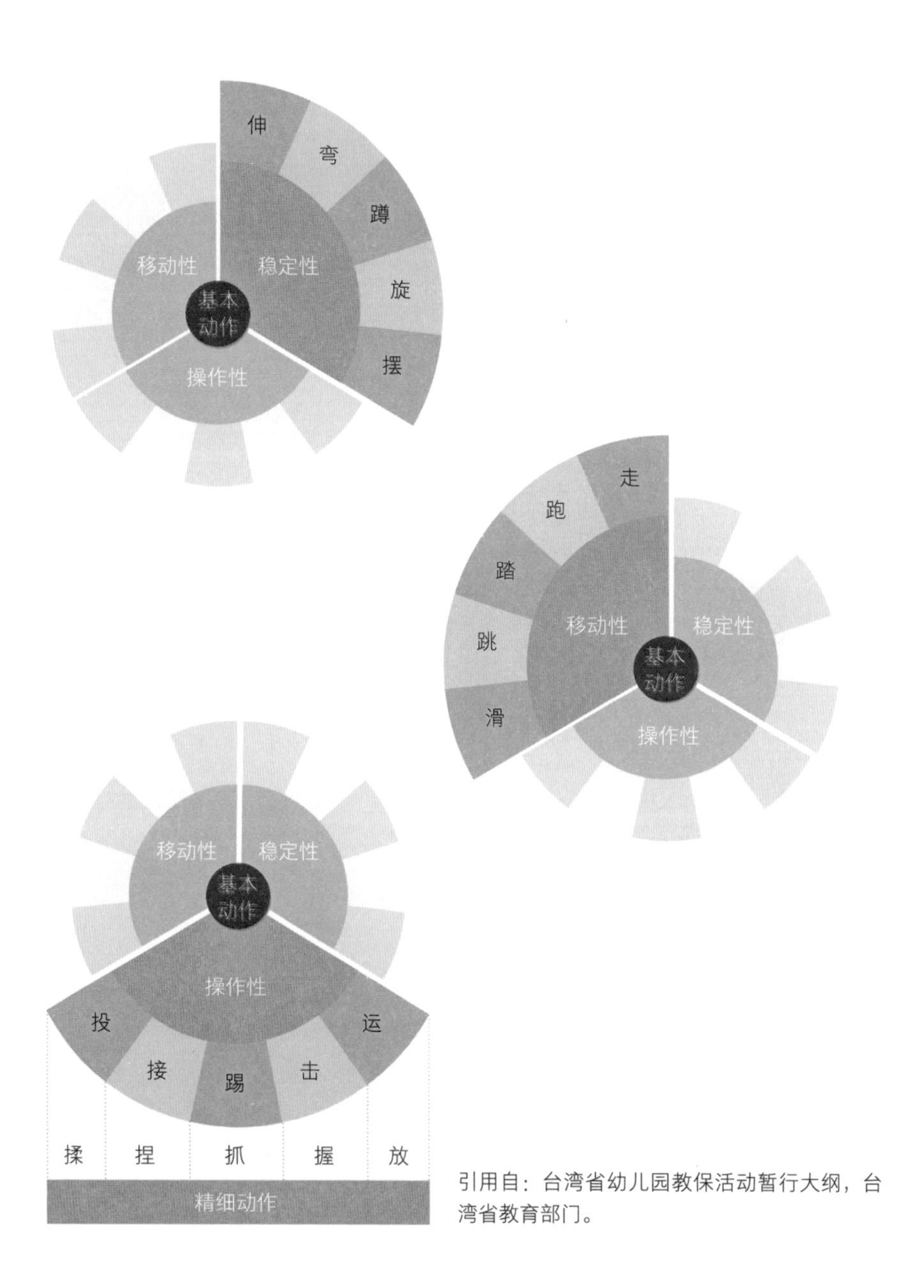

引用自：台湾省幼儿园教保活动暂行大纲，台湾省教育部门。

来动动！

来动动身心相连：运动让宝宝更健康

宝宝运动是根据感觉统合的原理，通过亲子互动来刺激宝宝早期的神经生理发展，引导爸妈与宝宝间轻松愉悦的互动，并培养彼此的信赖和亲密感。爸爸妈妈一起从婴儿时期就开始帮宝宝一起运动吧！

▸ 宝宝运动对身体的好处：

1. **强化肌肉：** 通过宝宝运动强化婴幼儿的肌肉。例如让宝宝握着妈妈的手坐起来，可以锻炼手臂及腹部的肌肉。
2. **促进平衡：** 人体左右对称、左右交叉及通过身体中线的运动，有助宝宝骨骼肌肉平衡发展，进而强化站立、坐姿、行走时的对称性。
3. **维持柔软度：** 宝宝出生后脊椎会由胎儿时期的卷曲状态慢慢伸展成平整的样子，保持筋骨的柔软有许多好处，例如能减少关节扭伤、筋拉伤。
4. **自主性动作的练习：** 宝宝有一些与生俱来的反射动作，随着神经生理的成熟，反射动作会逐渐消失，开始展现自主性动作，适度的运动有助自主活动能力的发展。
5. **刺激前庭神经：** 前庭神经系统是通过连续刺激眼睛、脑部、身体这三部分系统来主导平衡感的一个主要神经系统，良好的婴儿运动可以帮助孩子感觉统合的发展。

▸ **对情绪和亲子关系的好处：**

运动会使孩子更灵敏，好吃好睡，情绪也会比较愉快平稳，同时也可以增强父母与宝宝间的互动关系。有些父母不知道要和宝宝玩什么，亲子运动就是很好的选择。通过安全的运动与宝宝互动，亲子间可建立起良好的信任感和默契，为宝宝的身体和心理健康打好基础。

第 3 部

认知发展

- 心智的发育：婴幼儿认知发展
- 孩子是否有注意力的问题
- 如何让孩子更聪明：智力可以教吗？

chapter 1

心智的发育：婴幼儿认知发展

认知是指解决问题的心智历程，包含注意、知觉、学习、思考和记忆等活动，人类通过这些心智活动来获得知识、使用知识并解决问题。

在婴幼儿时期，认知发展并不像一般人所以为的在脑中单独运作，而是与荷尔蒙以及视觉、听觉、触觉、味觉、嗅觉等感官刺激的输入和解读共同运作。由于孩子认知发展的状况受到基因遗传、身体状况、环境刺激、学习经验、心理因素等多重因素的影响，因此，想要让孩子有好的认知发展，绝对不是背诵、记忆或抄写可以获得的。而是要先确保孩子有充足的营养、睡眠、身体活动，先稳固基本盘，然后在婴儿时期要跟孩子多说话多互动，让婴儿有很多看、听、摸、尝、闻等感官探索的机会；幼儿时期更要通过阅读、游戏、音乐、艺术、实际操作、亲身体验，在安全的情境中引发孩子的好奇、主动自发和坚持，这样才能让孩子有更好的认知成长。

要了解孩子的认知发展，有两位发展心理学的大师一定要认识一下。第一位是让 · 皮亚杰（Jean Piaget，1896 ~ 1980），他主张人类的认知有基本的心理结构。在婴儿时期，宝宝是通过知觉和身体活动来建立并精致化其心理结构；到了幼儿期，孩子会逐步发展出心理表征，例如心像和概念，此时孩子可以在大脑里面通过对心理表征的操弄来进行运思，孩子本身主动的探索是认知成长的要素。另一位是维高斯基（Lev Vygotsky，1896 ~ 1934），他特别看重社会文化对认知发展的影响，并主张语言的使用、成人的引导和同侪合作对认知发展格外重要。

皮亚杰和维高斯基的理论对幼儿的教育影响深远。从皮亚杰的理论我们学到，**要让孩子认知成长，从婴儿时期就要多提供孩子感官体验的机会，允许宝宝依照自己的需求和步调主动探索环境。**而幼儿就像小小科学家一样，父母要做的事是准备丰富的环境，让孩子自发性的探索、操作来发现知识。此外，知识需要由孩子自己发现、主动构建。所以，自由游戏对孩子很有帮助，而灌输式的教育则对孩子有害无益，把孩子送去那种教很多、玩很少的幼儿园会妨碍孩子认知的成长。

维高斯基的理论则让我们知道，对孩子最佳的引导是在孩子目前自己做得到的能力上，再稍难一点点的挑战，如果父母适时地提供给孩子一点提示和引导，而不是让孩子漫无目的地操作或尝试错误，则会让孩子的表现更好；此外，让孩子与其他能力较好的同侪一起解决问题，对孩子的认知成长也会有很大的帮助。所以，父母陪孩子玩，或是让孩子和手足、同侪一起玩很有用，选择幼儿园时则要选那种有机会让孩子分组完成共同任务，一起合作讨论解决问题的幼儿园，孩子才会有进步。

最后，要促进认知成长，知识的内容和运作一样重要。还有两件事爸爸妈妈可以多让孩子做，**第一件事是阅读，这是促进早期认知发展的“超推荐”活动，**既有知识的输入，也有复杂的解码思考，婴幼儿越早开始亲子共读，阅读互动质量越佳，日后的智能和学业成就越高。**另一件是教孩子一点“后设认知”策略，**也就是在孩子思考、沟通或解决问题时，带着他去想一想，自己解决问题的方法有哪些，在这些方法中，哪些比较有效，哪些比较没效。例如孩子出门时要记一串待购物品名称，可以让孩子体会一下，怎么记才不容易忘，是硬记，多复诵几次，还是分类记？像这种对认知策略的觉察与教导，已经被发现和日后的学业技能特别相关，爸爸妈妈不妨以游戏的方式多和幼儿玩一玩！

chapter 2

孩子是否有注意力的问题

现在的孩子真的有那么不专心吗？还是，其实只是父母对孩子发展认识不足或环境不当所致。为了解开父母的疑虑，我们好好来分辨一下注意力不足到底是怎么回事。

我经常接到演讲的邀约，要求我讲“如何打造孩子的专注力”。在亲职演讲的场合，更是遇到很多父母跟我描述他们的孩子如何不专心或动来动去，然后忧心忡忡地问我，孩子会不会有多动症？

首先，爸爸妈妈要仔细想一想，孩子“不专注”的情况是什么？先试着把孩子的状况记录下来。是无法持续做完一件事、不断分心、一直动来动去坐不定，还是恍恍惚惚、别人说话都好像没在听、一副做白日梦的样子？如果是学校老师投诉孩子不专心，就去请教老师，孩子在什么情况下不专心？通常是做什么事或上什么课的时候？不专心的情形持续多久？状况如何？

把这些信息记录下来后，爸爸妈妈先整理一下所得的信息，可以对孩子的“症状”先有一些了解。然后分辨一下，孩子不专心可能的原因是什么。

一般而言，孩子不专心可能的原因有以下几种情况：

1. 成人过度期待：其实每个人都多多少少会有不专心的情形，大人也会有不专注的情形出现。年幼的孩子原本注意力就较短暂，通常随着孩子年纪渐长，额叶发育较成熟一些，专注力会逐步提升。以大班的孩子而言，如果他能够在课堂上持续专注超过 20 分钟，爸妈就不必太担心。

2. 学习内容不适合孩子：幼儿上课不专心，可能的原因是课程内容对他来说太无聊或与他无关，引不起孩子的兴趣，例如不断让孩子抄写拼音、学一些对他没有任何实质意义的数学或背英语单词。尤其是对于很聪明的孩子，这种因为课程太没有挑战性而造成的不专注就会更明显。如果有这种情形，改送孩子到提供丰富探索课程的幼儿园，通常情况就会大幅改善。

3. 睡眠、营养和运动：孩子不专心的另一个可能原因是生活照顾不当，请爸妈留意孩子是否有足够的睡眠？睡眠不足不只会造成不专心，还会影响发育。其次，留意孩子早上是否吃了足量及营养均衡的早餐？食物的质和量会影响孩子的脑袋是否有足够的能量来运作；另外，也要注意孩子每天的身体活动量是否足够？足量的运动帮助脑部荷尔蒙的分泌，有助孩子专注力的提升。

4.3C 产品的危害：越来越多研究发现，婴幼儿时期长时间看电视或玩 3C 产品是孩子日后被诊断为“注意力缺陷多动症”的有效预测因子，由于视觉和听觉是人类的强势感官，3C 产品在视觉和听觉上的吸引力让幼儿被动而无法自拔地一直看下去，这使得幼儿“主动专注”的能力无法好好发展，对日后学习的影响甚巨。所以，爸妈千万不要用电视或手机来打发孩子。

一般而言，大多数的孩子都是正常的，只是因为上述原因造成“假性过动或假性不专心”，只要排除不当的状况，孩子就会恢复正常了。

如果上述原因都排除了，孩子不专注的情况依旧，这时父母就要认真

CHeCK 注意力缺陷及过动症的诊断准则

▸ 不专心

1. 粗心、易忽略细节
2. 活动时注意力难以持续
3. 跟他说话时，他常一副不专心听的样子
4. 无法遵循他人的指示完成事情
5. 组织力差
6. 逃避、不喜欢、抗拒需要持续用脑的工作
7. 常丢东西
8. 易因外界无关的刺激而分心
9. 常忘记例行的活动

▸ 过动

1. 常手忙脚乱而扭动不安
2. 无法静坐
3. 不分场合，过度地跑或爬
4. 很难安静地玩
5. 总是动个不停
6. 经常话太多

▸ 冲动

1. 常在问题未说完时就抢答
2. 轮流时难以等待
3. 常干扰或冒犯他人

★ 孩童须于 7 岁前就出现，持续至少 6 个月，且在 2 种以上的不同场合（如学校、家庭）皆有类似的行为出现，才视为符合。

考虑，孩子的不专心可能有生理上的因素。爸爸妈妈可以利用下页的量表检测一下孩子的状况。

首先，“注意力检视量表”可以初步了解孩子是不是有知觉上的缺损。如果孩子有这些状况，要带去给医生检查，看能不能通过复健改善，可以做的部分要积极治疗；因为有这些知觉缺陷的孩子是学习障碍的高风险群，如果是不能通过治疗或复健改善的部分，就要及早学习辅助策略，以减低学习失利的挫折。

另外的可能性是则是一般人常说的“多动症”。过动症是有生理因素的，爸爸妈妈要先了解，孩子并不会因为不专心而“变成”过动儿，实际的情况是，患有过动症的孩子因为有额叶发育、脑部荷尔蒙分泌或传导的问题，才导致在行为上有不专注和过动的情形出现。由于过动症经常被过度诊断，所以除非**孩子不专心的情形很明显地异于同龄的孩子，而且在不同的场合都出现，并持续一段时间，**否则爸妈不必太过担心。若真的符合这种现象，则请爸妈带孩子去儿童心智科做进一步的诊断，并配合医师的诊疗进行药物的介入或相关复健课程。

最后要提醒爸妈的是，留意孩子因为不专心所带来的其他影响。

如果孩子不专心情形已有一段时间，则他在学校或家庭可能已经受到不少的责难甚至处罚，许多孩子因此产生负面的自我概念，甚至开始排拒学习或产生问题行为。如果孩子已经有这样的情形出现，父母和老师接下来要做的是把焦点从孩子不专心的行为上移开，开始去注意孩子好的、专注的行为，帮助这样的孩子最重要的原则是**“用好的行为取代不好的行为”，**改变他的环境，让不专注的机会降低，当他有好的行为出现，立刻给予赞美与增强，如此让孩子有机会从伤害和挫折中重整，重新建立新的行为模式。

注意力检视量表

视觉区辨问题：	
写字经常上下、左右颠倒。	□是 □否
朗读文字和数字的速度相当缓慢。	□是 □否
经常会抄错相似字或数学符号，如大、太；l、1；+、-。	□是 □否
视觉前景背景问题：	
阅读字数较多的书籍或文章方面有困难，甚至不喜欢。	□是 □否
无法迅速在错乱的桌面或房间找出指定的物品。	□是 □否
前景与背景颜色相近时（如绿色黑板上的绿色字），搜寻效率相对较低。	□是 □否
视觉记忆问题：	
收拾玩具或日常用品经常会放错地方或没有固定的收藏位置。	□是 □否
经常认不得曾经看过的人、事、物，如看过数次的汉字依然不记得。	□是 □否
抄写黑板上的文字时，看一个字写一个字，导致抄写速度缓慢。	□是 □否
视觉搜寻问题：	
看书、抄写经常跳行或跳格。	□是 □否
无法迅速从文章中圈出指定的语词。	□是 □否
以上每答一个“是”即得1分，得6分以上即可能有注意力缺失的问题，可寻求相关专业人员协助。	

chapter 3

如何让孩子更聪明：智力可以教吗？

“智力”的定义一直在改变，总体来说，智力是一个人身体健康、学业成就、职业及社会经济地位和心理适应的良好预测指标，并非只是单纯在课业上的表现。

“智力”是指适应环境的思考或行动，或是我们一般所说的“聪明”。大概每位父母都很介意自己的孩子聪不聪明，有经验的老师也都知道，和父母互动时，可以说他的孩子不乖，但绝不能说孩子不聪明，当老师想要跟父母讨论孩子不当行为时，一定要先说“他其实很聪明”，谈话才能顺利进行。

那么，怎样才叫作聪明，孩子如何才会聪明呢？

在心理学上，“智力”的定义其实一直在演变，从普通能力到多重能力到特殊心智表现。但大致而言，研究者都同意，每个孩子内在都存有心智的模式，为了处理环境的刺激和事件的挑战，不断调整和重组。智力不只有内涵还有运作，所以一个孩子会背一堆经书并不表示他就很聪明，更重要的是他在面对新奇的问题时，可以快速有效地解决问题，并以合乎当时的时势或情境的方式表现出来。

虽然现在很多人主张说 EQ 比 IQ 更重要，但这只是想促使人们重视情绪能力罢了。事实上，智力是一个人身体健康、学业成就、职业及社经地位与心理适应的良好预测指标，值得我们好好了解与重视。

目前最受重视的智力理论首推罗伯特・斯坦伯格（Robert Sternberg）的“智力三元论”了，他认为智力有 3 个主要成分，**第一个是分析智力，**指的是处理信息的能力，包括策略运用、自我监控和调节等能力，这个成分就是平常智力测验常测的运思能力，与学业技能格外有关；**第二个是创造智力**，指面对一个没解过的问题时，能够在脑中快速运思、有效找解的能力；**第三个是实用智力，**指的是对情境和时势的了悟，这个成分比较像我们俗称的“智慧”，以通达人情世故、合适又实用的方式把解决问题的方式展现出来。

了解了智力的 3 个主要成分，爸爸妈妈大概就可以了解，智力虽然有遗传的先天影响，但在相当的程度上，智力其实是可以经过教导而增进的。如果希望孩子有高的智力，首先需要的是大量背景知识的支撑，所以多阅读、多学习是有用的；其次，要让孩子充分练习以达成自动化，因为练习不只造就精通熟练，还会造就思考质量的改变；此外，学习时不只要了解内容也学习思考的策略，对策略的察觉和使用带来更有效的问题解决，而鼓励创意的问题解决也有助智能的发展；最后，要提供孩子更多在实际生活中解决真实问题的机会，对情境的洞察需要经验和练习，能够把问题以实用、能达成目标并符合社会情境期待的方式解决，才是真正的聪明！

另外，心理学家霍华德・加德纳（Howard Gardner）提出了在教育界引发很多回响的“多元智能理论”。他根据大脑研究，主张人类至少有 9 种主要智能，除了过去智力测验常测量的逻辑数学和语文以外，还包括空间、音乐、肢体运动、人际、内省、博物及灵性智能。

多元智能理论对父母最大的提醒是，不要只注意孩子在学业或纸笔考试上的表现，要多观察孩子在数理及语言以外的智能形式，并尽可能给予发展的机会。在现在的社会中，会考试不表示人生就一定成功，反而是可以发挥自己独特天赋的孩子才更能发光发热。如果爸爸妈妈愿意好好思考“莫扎特是不是一定要会算数学”的问题，那么，具备不同智能的孩子将有更好的发展空间，更能依照自己的天赋才能去开展人生！

第 4 部

语言发展

- 孩子表达差，何时该就医？
- 学会说话前，让婴儿手语来帮你
- 父母是宝宝的阅读教练

chapter 1

孩子表达差，何时该就医？

语言能力关乎孩子的智力、学习和人际关系，父母要留意几个语言发展的重要警示，才能帮助孩子正常发展。

你是否曾仔细聆听你家孩子说话？你的孩子说话发音是否清晰正确？使用语汇的丰富性如何？句法正确吗？还有，孩子能不能依场合和对象的不同，合宜得体地说话？

语言能力的好坏，对发展中的孩子来说太重要了！一个语言能力好的孩子，因为有较好的理解和表达能力，所以学习的能力和人际关系也都会比较好；若语言能力不好，孩子可能因为理解不足或无法充分表达自己的意思，甚至被误认为“没礼貌”，造成学习困难或沟通受挫，因而衍生出很多智力、情绪或社会互动的问题。

4 要素，判断孩子语言能力

那么，要怎么知道自己的孩子语言能力好不好呢？我们依语言的 4 个重要元素“语音、语意、语法、语用”来说明。

首先，在**“语音”**方面，1~2 岁刚开始学说话的孩子，可能会有咬字含混不清的娃娃音现象，闽南语叫作“臭奶呆”，这种会随着年龄增长而改善。一般而言，到了 3 岁半 ~ 4 岁间，在正常语言环境下长大的孩子，应该就可以清楚地说出咬字正确的话语。如果到了 4 岁，孩子还是用含混的娃娃音说话，父母千万不要觉得这样很可爱，反而应该留意孩子是不是有听力或构音器官的问题，及早就医检查。

其次是**“语意”**，通常我们会用语言词汇量的多寡，来作为简单的衡量指标。有些孩子话说得很多，但是仔细听他语汇的变换性不高，例如，同样是正面的情绪，有的孩子可以说得很丰富，使用高兴、开心、得意、兴奋等不同语言词汇来表达，有的孩子就只会一路“开心”用到底。语汇能力跟孩子平常接触到的口语输入质量有绝对关系，所以言谈丰富的父母和大量的亲子共读对孩子最有帮助。

在**“语法”**方面，小小孩一开始会用电报式语言，例如要妈妈帮他拿奶瓶，1 岁半左右的孩子可能只会说“妈妈……nei nei”；到了 2 岁或 2 岁半左右，孩子就进入“文法期”，开始尝试各种语句的组合方法，这时会出现一些倒装句；通常到了 3 ~ 4 岁时，孩子的语法错误就会变得很少。如果孩子到了 4 岁还在使用电报式语言或出现很多倒装句，就要特别留意孩子是不是有语言迟缓的现象。

最后，是最容易被忽略的**“语用”**。语用是指孩子能依说话的对象和场合，采取不同的说话策略。例如同样要别人帮忙，如果是要请老师帮忙，孩子可能跟老师说的方式是“老师，请你帮我拿饼干”，会留意到礼貌；但如果是要叫自己的弟弟帮忙，他的说法可能是“拿桌上的饼干给我，快点”，不把重点放在礼貌上，却有较清楚的指示。语用不成熟的孩子，很容易被认为“没礼貌”或“白目”，试想上面的例子，如果一个孩子请老师帮忙时用了对弟弟说话的语气，会产生多糟的后果！

宝贝听不懂话中话，爸妈先别气

语用的另外一个层面是，听懂话语的“真正意思”。我们平常说话会有表面的话语和真正的意思，例如，当我们生气地跟玩具丢一地的孩子说“好！很好！你继续玩没关系”，通常孩子就知道该收拾玩具了；或是放学时我们问孩子“跟老师说再见了没”，孩子也会知道这不是一个问句，而转头跟老师挥手说再见。但语用异常的孩子很可能在听到妈妈说“继续玩没关系”时继续玩，然后被处罚时仍不明白为什么自己听妈妈的话，妈妈却要这么生气；或是在妈妈问“跟老师说再见了没”时回答“还没”。

语用不成熟的孩子，在人际中很容易严重受挫、人缘很差，尤其是有些亚斯伯格症的孩子，就有很明显的语用障碍。所以如果父母发现自己的孩子常有“白目”的情况，可以试着先就当时的情境跟孩子说明及讨论，如果情况还是没有改善，最好就诊检查，不要一味说教，因为孩子有可能需要的是治疗而不是处罚。

语言能力关乎孩子智力、学习和人际关系，父母平常要多留意孩子听别人说话时的理解程度和说话时的表达内涵，除了提供丰富的语言环境外，也要留意上述重要的语言发展警示，才能帮助孩子正常发展。

小辞典 表达差该挂哪一科?

如果发现孩子有咬字含混现象，爸妈可先打电话到邻近医院询问，确认该院康复科有做儿童的诊断与治疗，再带孩子就诊，进行语言障碍的评估与治疗。

chapter 2

学会说话前，让婴儿手语来帮你

研究发现，有了手语沟通的婴儿会士气大振，努力跟大人沟通，结果婴儿不仅减少哭闹，语言和智力也会大幅增长。手语是视觉的语言、口语是听觉的语言，手语和口语的同时使用可以说是绝佳的“双语学习”。

当宝宝8个月到1岁多还不太会讲话的这段时间，宝宝其实已经可以听懂不少父母的话，也有强烈的沟通意图。但这时的婴儿还没办法用口语顺利表达，因此在沟通上处于弱势，导致父母会觉得孩子好像稍不如意就会哭或发脾气。

其实，在这段时间，父母可以教宝宝一些“婴儿手语”来进行沟通，例如，“要”就点点头，“不要”就摇摇头，“抱抱”就张开双手……手势可以自创，但要留意是孩子容易做的动作，而且要固定不要改来改去。有心的爸妈则不妨好好地学一些婴儿手语，边用口语说话边加上手势，让孩子模仿着做，当孩子可以用手势表达意思时，就要立刻响应。

爸爸妈妈可能会怀疑，婴儿又没有听障，学手语会不会阻碍了口语的发展。根据美国国家卫生院的研究，婴儿手语可以有效提升孩子的智商，更可以提早口语的出现和发展；一些新的研究报告更显示，婴儿在使用手语时脑部的活动区块并不如原本以为的，只在身体动作的区块，反而在语言区有明显的活动，证实了手语真的是一种语言，而不只动作而已；手语是视觉的语言、口语是听觉的语言，手语和口语的同时使用可以说是绝佳的“双语学习”，对孩子的发展很有帮助，更重要的是，手语减少了婴儿因为无法跟成人沟通所造成的挫折感，有助减少婴幼儿情绪性的哭闹，可以让亲子互动更愉快。

如果爸爸妈妈想教宝宝手语，大约 8 个月左右就可以开始了，一两个月之后就会看到孩子开始用手语进行表达，如果大约 1 岁左右开始学，则会更快看到效果。

因为只是要帮助宝宝度过学说话前的尴尬时间，所以婴儿手语够用就好，不用每件事每个东西都要用手语表示，所以爸爸妈妈只要选一些常用的项目用手语表达就可以了。打手语的时候记得要做动作也要一边说出来，留意宝宝的目光是不是跟上了，一开始可能会觉得孩子根本没反应，就像学语言会有一段“沉默期”，学手语也会需要一段输入期，但只要不灰心多试几次，时候到了孩子就会给父母惊喜。如果遇到不会打的手势，可以自创，或是上“在线手语词典”去查，要什么有什么，非常方便。

附带一提，我的婴儿手语是跟“台湾省婴幼儿手语教育协会”的郑照斌老师学的，他是听障奥运的翻译员，很厉害很会教。如果孩子有听障的问题或爸爸妈妈有特别的需要，可以联络台湾省婴幼儿手语教育协会，他们人都很好，应该都很乐意协助。

来动动！

亲子互动实务技巧

▸ 婴儿手语：宝宝沟通没烦恼

在用手语跟宝宝互动时，还要留意以下几件事哦！

1. 要配合口语和脸部表情一起做。
2. 捕捉到宝宝的目光时才做。
3. 在自然的生活情境中找机会练习，例如吃东西、共读或游戏时。
4. 善用重复和提问的时机，多做几次让孩子熟悉。
5. 不要过度请孩子打手语或在亲友面前表演。

chapter 3

父母是宝宝的阅读教练

阅读并不是一件“自然而然”就能学会的事，需要成人适当引导，才能培养幼儿该有的阅读能力。在阅读时把握“口语输入的质量”和“文字概念的引导”，可以让亲子共读成为非常有效的阅读介入。

阅读能力是一切学习的基础，关乎孩子的心智启发与终身学习的能力。教育是国家基础建设，世界各国莫不以提升孩子阅读能力为教育最重要的目标之一。不管是对孩子本身的学习或是对国家的发展，阅读能力的培养都是刻不容缓的大事。

我们都很希望孩子能经由阅读接触到很多知识，发展想象和创造力，并可以通过阅读发展出对世界更宽阔的理解。但事实上，阅读并不是一件“自然而然”就可以学会的事，更不是随着年龄增长或只要有上学，就理所当然发展出来的能力。阅读涉及非常多的能力与技巧，需要长期的努力学习才能达到精熟的境界。如果未经适当的学习，有的人可以终身是文盲，有的人虽然具备基本的识字能力，但常有看没有懂，无法达到真正的阅读理解。

一般来说，孩子的阅读可以分成 2 个阶段：第一个阶段是“学习如何阅读”，第二个阶段才是“通过阅读来学习”。也就是说，要达到“阅读是通往世界的道路”这样的口号与理想之前，孩子必须先学会基本的阅读技巧。

通常，我们会把 0 ~ 3 岁视为幼儿阅读的重要启蒙时期，而把 3 ~ 8 岁视为奠定自主阅读能力的关键期。合理的期待是，经过长达 8 年左右适当的陪伴和教导，孩子到了小学三年级这个阅读能力的关键分野年龄时，要能达成具备文字识读、阅读理解和有良好的阅读动机等 3 大目标；到了三年级以后，我们则期待孩子能在大量阅读中，累积更多的背景知识并发展出有效的阅读策略，以逐步达成精熟的阅读以及深层的阅读理解。

幼儿需培养的 3 个阅读能力

在 0 ~ 6 岁幼儿阅读发展的过程中，需要培养的关键能力主要有 3 部分：第一是书本概念和文字概念的启蒙，这包括了解书本是什么、文字的方向、结构和部件等。第二是口语的引导，包括通过适当的技巧帮助幼儿理解故事内容，以及培养幼儿的叙述能力。第三则是阅读动机和兴趣的培养，选择适当的读本以建立幼儿对阅读的兴趣。父母与孩子共读时可以把握这些要点，就能为孩子的阅读发展奠定良好的基础。

当孩子还是小宝宝时，父母就可以开始和宝宝进行亲子共读了，这是非常重要的阅读启蒙。目前世界上许多国家都很努力在推行“阅读起步走”（Bookstart）的活动。这个活动从英国开始，逐步推行到全世界，目前台北市和台中市也都在进行。这个活动的概念是通过赠送宝宝书给父母，让父母为婴儿阅读。追踪研究发现，婴儿时期就有共读经验的宝宝会较早发展出书本和文字概念，也有较强的阅读动机，甚至亲子关系也比较好。

重点放在“书本”概念的萌芽

或许爸爸妈妈会好奇，孩子还这么小，真的读得懂吗？事实上，父母与宝宝共读具备多重的意义。当父母和宝宝共读时，“书本”就对宝宝产生了特殊的意义。宝宝很快会发现，当书本出现，爸爸妈妈就会把他抱在怀里，会用不同于平常的语调对他说很多话；书本不是拿来玩或拿来吃的，书本要一页一页地翻；书本中有色彩鲜明的图画，有些好像还在生活中看过……而这就是书本概念的萌芽！在共读的过程中，宝宝有机会从父母那里得到大量而丰富的口语输入，对孩子的语言发展非常有利，也使宝宝在生命早期就建立起对书本的熟悉和亲近的习惯。

要培养孩子阅读的能力，就要让亲子共读成为孩子生活的一部分。问题是，当爸爸妈妈真的这样做时，好多的疑问发生了：“什么书才适合宝宝呢？”“读的时候要指着字念还是看着图说？”“要照着文字念还是要尽量自由发挥讲故事？”……当我去做亲子阅读的演讲时，总是会被问到很多“很细节”的问题。看到父母把亲子共读当作这么伟大又困难的事来做，我一方面深深体会到他们对孩子的用心，另一方面也意识到，父母对亲子共读的操作其实有很多困惑。

亲子共读的 2 大重点

根据实证的研究发现，亲子共读时，父母必须把握的 2 个核心重点是：“口语输入的质量”和“文字概念的引导”。在阅读时把握这2个重点，可以让亲子共读成为非常有效的阅读介入。

★ 重点1：口语输入的质量

语言能力和阅读能力密切相关。共读时高质量的口语输入可以让孩子习得足量的词汇、语法和语用的能力。把故事完整地念过之后，爸妈可以和孩子进行阅读讨论。美国国家阅读研究委员会提供了一个简单的“CROWD”原则，做为父母与孩子进行口语讨论时的参考。C是completion，让孩子完成句子。例如：“当贝贝走进森林，他看到了……”让孩子接着说完。R是recall，让孩子回想故事。年幼的孩子并不需要一直换故事书，反而可以不断重复，念完之后让孩子回想他记得什么？故事如何发生与进行？将有助发展故事概念和叙事能力。O是open-ended question，问孩子与书本内容有关的“开放式问题”，例如：“这页里发生了什么事？”W是wh-question，问问孩子书本中的某些字词是什么意思？故事主角为什么要这么做？D则是distancing question，问书本以外的延伸问题，把书中的内容联结到孩子的生活经验中。例如：“你看阿力去上学好好玩哦！如果你去上学，你最想做什么？”通过口语的讨论与互动，可以启发孩子的阅读思考，并帮助孩子发展各种重要的语言能力。

口语叙述是另一项重要的语言能力，统合了各种语言要素的展现。当孩子熟悉故事并讨论过后，爸妈可以多鼓励孩子主动说故事给大家听。这么做，孩子必须回想故事情节、选择适当语汇，并以合乎逻辑的方式呈现故事。经常说故事对孩子各种重要的语言技巧，有很大的增进效果。

★ 重点2：文字概念的引导

严格来说，在亲子共读的过程中，如果只是父母念，孩子看图，其实孩子只是在“听故事”，根本没有“阅读”。如果亲子共读只沦为听故事的活动，对孩子发展独立阅读的能力，其实贡献不大。

为了让亲子共读也发挥帮助孩子发展文字概念、甚至文字识读的功效，在共读时，刻意引导孩子去注意文字也很重要。引导孩子文字概念最有效的方法是“指读加上文字讨论”，意思是说，爸爸妈妈可以先指着字念，然后引导孩子去注意文字的方向、结构与部件。当爸爸妈妈指着字逐字读给孩子听，孩子会发现汉字一字一音的对应关系，并发现文字的排列顺序是由上到下，由左到右。其次，汉字有一定的结构：上下、左右、内外。孩子留意到文字的结构后，再引导他注意文字的部件。研究发现，中文阅读只要具备大约 1 800 个基本字量，一般报章书籍出现的文字应可识读九成以上；而这 1 800 个字，由 400 ～ 500 个基本部件组成。也就是说，虽然汉字成千上万，但只要具备基本的识字量，日常生活的阅读就不成问题了。汉字有非常高的比例是形声字，部首表意、偏旁表音，例如“蜻”就是由“虫”（表意）和“青”（表音）2 种部件组成。教孩子看部件的方法很简单，例如：“你看，这个字和那个字什么地方一样？对了！你好棒！两个字都有‘虫’边，所以这两个字都是在讲昆虫哦！”文字的识读是阅读的基础，越早有文字概念就能越快有效认字，越早进入独立的阅读。

这样选书，他很难不爱

除了留意阅读时口语输入的质量与引导孩子注意文字以外，阅读要能成为孩子生活的一部分，动机和乐趣仍是关键。当孩子还是小宝宝时，翻翻书、摸摸书或洗澡游戏书是很好的选择；当孩子稍大，贴近孩子生活经验的看图识物和简单的生活小故事最能引发孩子的兴趣；等到孩子更能投入书本的世界，就可以读各种有趣的绘本故事。刚开始，孩子可以先看图让父母说故事，再慢慢练习自己看字读故事。值得留意的是，并不是所有的绘本都适合孩子阅读，绘本只是文学呈现中图文并陈的一个特定文类。目前很多书店把所有的绘本都放在一个区，并命名为“儿童文学区”，其实是不恰当的做法。 很多放在儿童文学区的绘本一点都不“儿童”，父母最好留意一下内容并让孩子试读看看，孩子读了之后能会意、喜欢且引发共鸣的绘本，才是好的童书。若爸妈不知如何选择绘本，亲子共读专家们的书单是很好的入门参考。

幼儿时期的阅读经验对以后的阅读能力影响深远，希望本文能给爸爸妈妈实用的参考，让阅读成为父母给孩子最好的资产，也成为亲子间最美好的回忆!

来看书!

亲子共读：不是只是说故事

亲子共读不仅对孩子智力和语言能力的发展有很大的帮助，更可以增进亲子感情。建议爸爸妈妈安排固定的时间陪孩子共读，例如睡前就是个好时机。在共读时，父母可以运用一些提问和响应技巧，让孩子更投入。

1. 问问题确定孩子的理解
2. 提供必要的解释
3. 响应孩子的问题
4. 要求孩子进行预测
5. 读完后发问帮助孩子回忆
6. 要求孩子发表对故事的想法和感受
7. 要求孩子提出不同的解决方式
8. 联结到生活经验

要留意的是，不要让亲子共读变成父母自己的表演时间，爸妈又说又演，唱念俱佳，孩子闲闲当听众，一点没进步。亲子共读的最终目的应该是培养孩子独立阅读的能力，所以，随着共读的推进，爸妈要有意识地“退隐”，让孩子成为阅读的主人。爸爸妈妈不妨这样想象，良好的亲子共读就像是把自己的武功传给下一代的传人，父母运用技巧让孩子投入阅读中，渐渐地父母越讲越少，孩子越说越多，越读越好，最终达成让孩子独立阅读的目标。父母从此可以安心退隐，阅读成为孩子一生的良伴。

第 5 部

社会情绪发展

- 什么是幸福呢?
- 安全依附，建立孩子情感根基
- 情绪发展的 3 个面向
- 从“我”到“我们”，人际交往能力影响一生
- 在对的时候，给他需要的知识
- 如何教养出道德成熟的孩子
- 孩子的自律并非一蹴而就

chapter 1

什么是幸福呢?

什么是幸福呢？你想让孩子拥有什么样的幸福呢？希望爸爸妈妈在阅读的同时，细细品味并回想自己成长的点点滴滴，并把自己人生的领悟化为教育孩子的养分。

“无论什么事让我感到难过或高兴，我都能自由地表达，不必为了取悦谁而面带笑容，也不必为了别人的需要而压抑我的烦恼和忧虑。我可以生气，没有人会因此死去或是头痛；当你伤害了我的感情时，我可以大发雷霆，却不会因此失去你。”这段文字是著名的儿童心理学家艾丽斯 · 米勒（Alice Miller）为孩子的幸福下的定义。这段话曾经大大震撼了我，让我重新回顾自己的成长经验，也反省对子女的教养方式。

一幕幕回想当时还是孩子的我和现在自己的孩子，为了生存和被爱那么努力地成长，却一点一滴失去情感自由的历程，总是让我感到心惊与震撼！有时我会想，如果可以，很想回到过去，抱抱那个还是孩子的自己，或者，至少如今可以做的是，好好地为人父母，好好地爱自己的孩子。当然，这也是我决定以儿童社会情绪发展研究为终身志趣的缘由。

在“社会情绪发展”这一部分中，涵盖的主题较多，包括依附、情绪、人际关系、性别、道德与自律等，都是孩子成长非常重要的议题。希望爸爸妈妈在阅读的同时，也可以和我一样，细细品味并回想自己成长的点点滴滴，并把自己人生的领悟化为教育孩子的养分。

chapter 2

安全依附，建立孩子情感根基

情绪是上天给人最美的礼物，不论喜怒哀乐，都让我们有机会体验人生的滋味。但愿每个小孩都能依照他真实的情感被接纳，得到适时适当的帮助，从爱中得到真正的自由。

婴幼儿出生后，脑部神经元快速地发展，但神经元之间的联结还没有很清楚地建立起来，婴幼儿在与主要照顾者的互动过程中，会慢慢形成亲子间的依附模式，这些依附互动的经验会在孩子的脑袋里形成情感的基本运作模式，这个模式将会影响孩子如何面对环境与他人，因此情绪发展对婴幼儿发展来说相当重要。

依附情绪窗口不可错过

从出生到 3 岁左右是大脑神经回路开始建立运作模式很重要的黄金期。0 ~ 3 岁这个阶段，随着跟人互动的经验，互动回路会建立起来，影响孩子将来如何去对外在环境有所反应。生命早年若是遇到情绪上严重的创伤，这个创伤会影响脑部的发展，将来要修复就比较困难。

从一些脑部造影的研究中推论出，情绪发展在生命早期似乎有很重要的黄金时期，这个情绪窗口很早就关闭了。一旦在情绪窗口关闭之前，孩子遭遇很不好的情感创伤，这个创伤就会影响他未来的生命；长大以后当他遇到情感关系时，创伤经验会带来负面的影响，而且很难被修正。

在童年阶段，孩子还不是很了解这个世界上感情是怎么一回事时，但那时学到的互动经验，在长大后一旦面临人生重大情感事件时，很可能会“再现”。也就是说，似乎**在幼儿早期某些很重要的情感互动经验，不管是我们意识到或没意识到，可能成为我们成年以后情感互动内建的模式。**

童年情绪发展攸关一生幸福

对孩子来说，情感和情绪的发展，攸关一生的幸福，如果我们希望孩子追求的是幸福的人生而非只是成功，那我们就应该重视孩子小时候情感关系的建立，是不是一个健康、合理的模式。

如果孩子小时候得不到情感的满足，比方说母亲得了产后忧郁症，孩子受虐，或是遇到不敏感的照顾者，恐怕终其一生都要不断在伴侣关系、亲子关系中不断地被伤害和伤害别人，而且恢复不易。有些研究特别去做情绪创伤或精神受虐的孩子的脑部造影，结果发现这些孩子脑部的活化形态和一般孩子不一样，证实了早年情感的剥夺会对孩子的发展造成严重的损伤。但是，如果小时候受创的时间不那么长，不那么严重，及早发现、及早治疗，还是有可能恢复。

有些孩子如果早年受虐被安置到寄养家庭去，寄养家庭的父母若能不断地让孩子体会，“不管怎么样，你还是被爱”，这样孩子还是有机会复原。但是情感的复原真的很不容易，这也是为什么情绪在儿童发展的早期被特别强调。

情绪发展的早期，如果父母给孩子建立一个安全的情感模式，温暖地对待他，体贴地响应他，让孩子的爱得以满足，这个孩子将来很可能很乐观、很有挫折容忍力和复原力。就像是以生理来说，发育期父母如果注重营养和调理，小孩将来身体发育好的机会自然就比较高。

“好修养”可能降低了幸福感

老一辈的父母比较压抑情绪，这跟中国人的文化有点关系。中国人推崇修养，但所谓的修养有时是“泰山崩于前而面不改色”“喜怒不形于色”，就是没有什么激烈的情感反应，我们认为这样叫作“修养好”。但是换个角度来看，这种修养也许只是反映出这个人因为经历长期的情感压抑，“不擅表达自己的感情”。

华人的父母花很多时间规范孩子的行为，在我做亲子言谈的研究中发现，我们的父母对孩子有很多行为上的说明、要求或是教导，但都是针对外在行为，内在的情感跟想法的讨论，很明显少于西方国家。 也就是说，我们在长期的压抑跟忽略下，造成孩子弄不清楚自己真正的情感状态，也无法掌握怎么样叫作合宜的情绪。我们的文化中常常提醒小孩“得意不要忘形”，就是说高兴也不要太高兴；难过也不要太难过。长期下来，人对情感的感受力差、表达也差，然后还自认为很有修养。

除了对孩子，反映在婚姻上也是这样，华人的婚姻是所谓的“高稳定、低满意”。因为我们在情绪表达上太弱了，从小成长历程中对于情感的忽视和压力，导致我们在进入真正重要的情感关系时，不管是亲子关系还是夫妻关系，我们都在情感关系处理这一块很薄弱。因为我们练习与运作的机会少，不知如何自我辨识，也不知如何辨识他人情绪。某种程度上可以说，我们的幸福感降低了，所以情绪的影响范围很大。

被爱的小孩更独立

还有，在我们的文化中教养小孩，常常耳提面命“小孩子不要太宠他”“小孩子不要太黏妈妈”，整天黏着妈妈长大的男孩被讥笑为“娘娘腔”“长不大”……我们不喜欢孩子过度黏着父母，认为父母要尽早让孩子学习不要黏妈妈、要学独立。但实际的研究发现，早年跟父母有紧密情感联结的孩子，反而能够及早独立。而那些情感需求始终得不到满足的孩子，在将来的人生，反而得不断地在各种关系中，去寻求那个心中始终没有被填满的空缺，所以他的外表和行为虽然独立了，心理上却一直没有独立。

研究的结果告诉我们，安全依附的孩子其独立和探索的行为，出现的时间早、量也多；反之那些在依附上不安全、爱没有被满足的孩子，就整天黏在爸爸妈妈身边，因为他生怕一放手这个人就不见了、不要我了，因为他在情感上得不到满足，爱得不到满足，因此探索行为出现得晚，探索行为也少。

所以**父母如果希望孩子早一点在身心方面都能够真正的成熟独立，其实要给孩子爱的满足，而不是及早剥夺他爱的需要。**我猜很多父母恐怕对自己的情绪也不太清楚。比如说常常看到父母看到小孩跌倒了，心里明明是担心，但父母当场反应是生气：“你为什么不好好走？”甚至揍他。这种状况是不当的父母情感表达。父母当下应该说：“有没有受伤？”先表达关心，再表达：“走路不好好走，妈妈很担心你会受伤。”而不是当场以愤怒的情绪去取代焦虑。

父母是最重要的情绪老师

我觉得很多父母有个很棒的地方，就是非常重视亲子关系。今天我们要叫父母、成人来为自己进修学东西很难，可是今天如果是为了孩子，很多父母就赴汤蹈火，在所不辞。换个角度来说，有机会生养孩子对父母本身来说，是值得感恩的一件事情，因为孩子的缘故，父母重新被教育，重新去修复自己成长过程中的失落。父母想要帮助孩子、教养孩子的同时，其实也重新教养自己，我觉得这是一个很棒的互动关系。因为父母常常为了孩子而学习，但是最大的受益者往往是父母本身。

情绪是上天给人最美的礼物，不论是喜怒哀乐，都让我们有机会深刻体验人生的滋味，情绪的学习是一生的历程。但愿**每个孩子在年幼的时候都可以依照他真实的情感被接纳，得到适时适当的帮助，从爱中得到真正的自由。**

chapter 3

情绪发展的 3 个面向

谈婴幼儿的情绪发展，我们会从 3 个面向去谈：第一个是情绪的表达，第二个是情绪理解，第三个是情绪调节。父母和教师若是能够了解儿童情绪的发展，适当地给予引导，孩子将可以发展出较成熟的情绪能力。

情绪表达，婴儿求生的救命工具

婴儿一出生就有情绪，舒服的时候会露出高兴的笑容和舒服的声音；不舒服的时候会叫、会哭。也就是说，婴儿在很小的时候，就有一些模糊但还不是分化得很清楚的情绪。婴儿通过表情、声音、动作，把自己内在生理状态和感受沟通给外界知道，我们称它为“情绪的表达”。这种情绪表达使婴儿的照顾者可以了解婴儿的状态，对还不会说话的婴儿而言非常重要，事关他的生存。

婴儿的哭分很多种，无聊要人跟他玩的哭、肚子饿的哭、大便的哭、不舒服或身体疼痛的哭……每一种哭的声音和方式都不同，表达的是不同的信息。不只是哭，笑对婴儿的生存也很重要，婴儿出生不久，父母就可以在婴儿睡梦中观察到反射性的笑容，2 个月大左右，婴儿开始出现社会性的微笑，婴儿的笑容对照顾者有一种特别的魔力，引发照顾者对婴儿产生强烈的关怀。

此外，婴儿也会本能地对巨大声响、蛇类动物感到害怕，到了半岁左右，孩子开始会害怕陌生人，到了宝宝开始会爬行时，孩子在这个时候会自然发展出对高度的恐惧，这些不同的害怕情感同样大大保护了孩子的生存。哭、笑和害怕，都是情绪表达，都是柔弱无助的婴儿与生俱来非常重要的配备，靠着情绪表达会大大增加婴儿生存的概率。所以，孩子有情绪，其实是上天非常棒的设计，有助于婴儿的生存。

到了第二年，宝宝跟人的互动增多，情绪分化更复杂，这时孩子开始发展出第二层的情绪，不再是纯粹生理上高兴、愤怒或不舒服，而开始有嫉妒、害羞、不好意思、退缩、想要又不敢要那种比较复杂的情绪出现。这些情绪在人际互动中展开，使孩子开始体会人生的真滋味。

情绪理解，认识表达背后的意义

婴儿 7 ~ 9 个月大之间，开始会去认定特定的依附对象，这些依附对象通常是他的母亲或主要照顾者。这时他的语言能力还非常弱，顶多能发出“爸爸”“妈妈”这样简单的音。但是他对周遭环境的探索已开始，那他怎么知道周遭环境代表的意义呢？正常发展的婴儿看到新的事情，第一个动作是转头看妈妈的表情，若妈妈带着鼓励的笑容，婴儿就会去尝试，反之若是妈妈透露出阻止的神情，婴儿则会却步。这种“社会参照”的能力使婴儿可以借由妈妈的情绪信号了解周遭环境的意义。

之后，孩子越来越知道不同的情绪表达代表什么意义。例如看到妈妈脸上带着笑容，表示可以再赖皮一下，如果看到妈妈已经在皱眉头了，最好赶快收玩具。

大概在4岁左右，小孩在情绪理解上会再出现一个很重要的翻转。他开始意识到情绪不只是一个行为或表情，而是内在的主观状态，这种心智性的情绪理解是孩童情绪认知上非常大的翻转。这个阶段问他："收到礼物会不会高兴？"他会回答："不一定，要看礼物喜欢还是不喜欢。"这时不是事件决定情绪，而是通过对事件的主观判断来决定情绪，心智性的情绪理解就此展开，可说是情绪理解上的重大进展。为什么到了4岁会有这样子的改变？第一，年龄当然是主要的因素；第二，可能是因为认知的成熟；第三，还有一个非常重要的原因就是社会互动经验的累积。也就是说，情绪理解是可以经过学习来增进的。

孩子小的时候，当情绪发生时，父母可以先描述情境，再以适当的情绪词汇标示出小孩当时的情绪状态。例如，"弟弟弄坏了你的玩具，你现在一定很生气。"这时小孩就学到，我目前这种激动的状态叫作"生气"，生气原因是因为弟弟弄坏了玩具，下一次他就会学会告诉父母："我很生气，因为弟弟弄坏我的玩具。"而不是一味地大吼大叫或是哭闹。情绪词汇的学习非常重要，可以帮助孩子把内在感受正确而清楚地表达出来，并与他人进行情绪的沟通。

当孩子学会足够的情绪语汇可以进行情绪的沟通时，父母和老师就可以进一步引导孩子去认识情绪的本质，帮助孩子了解情绪不见得是情境决定，主要关键在于当事人对情境的解读。父母可以引导小孩去想：**"或许我们不能改变情境，但是可以改变自己对于情境的解读，因此，外在事件不能决定我的情绪，反而是自己可以学着去处理自己的情绪。"**

情绪理解还有另一个重要的层面，就是认识社会上可以接受的情绪规则。例如，孩子慢慢会学到，当学校老师说了一个无聊的故事时，他还是要说："谢谢老师说好听的故事给我听！"生日时当爷爷奶奶买了不如自己意的礼物时，他还是应该要表达感谢等等。这不是教孩子虚假，而是理解人情世故并体谅他人的感受。对这些情绪潜规则的了解有助孩子的人际互动与适应，搞不清楚状况的孩子就很容易被认为不懂眼色或没礼貌，所以，爸爸妈妈应该要花一点心思教导孩子这方面的知识。

情绪调节，运用策略帮助自己恢复

情绪调节是指孩子运用一些简单的策略来调适自己的情绪，把自己极端的情绪恢复到较低的激发水平。例如当孩子很生气的时候，有些孩子会大哭大闹很久都平静不下来，但如果我们教孩子一些简单的策略，告诉他，当他很生气很生气的时候，他可以数到 10、找妈妈抱抱、用力抱紧布偶、说出来、找别的好玩的事情做……有了这些策略的孩子就可以练习帮助自己先把情绪平复下来，再想想怎么处理事件。

对每个孩子来说，情绪调节的策略可能不太一样，有的孩子最有效的方法可能是转移注意力，另外的孩子可能是找人安慰，因此，要让孩子有机会去尝试，找到对自己最有效的方法。同时，情绪调节策略可能随着年龄长大会改变，很小的孩子可能心情不好的时候找妈妈抱抱就好了，大一点的孩子可能觉得打球或找好朋友倾诉更有效一点……**不管如何，我们要教导孩子，当他情绪处于极端状态时，他是可以找到方法帮助自己的，这件事非常非常重要！**

在我们的教育中向来不重视情绪教育，所以会发生高中生成绩不好就去自杀，或是大学生一失恋就去跳楼的悲剧。如果这些孩子在小时候曾经被教导过，在他们最痛苦最激动的时刻，是可以找到方法帮助自己先平静下来的，或许很多遗憾就不会发生。

良好的情绪能力是开启人生幸福的钥匙。情绪的学习是一生的历程，希望爸爸妈妈从孩子小的时候就给予孩子适当的教导，让孩子能够合宜表达情绪、了解自己和他人的情绪，并找到最适合自己的情绪调节策略。如此，也就是帮孩子打开了通往幸福的道路！

来看书！

善用绘本与游戏，帮助孩子理解情绪

教导孩子理解情绪并不困难，现在有很多很棒的绘本，从各个层面探讨孩子的情绪，爸爸妈妈可以藉助故事的力量来教小小孩认识情绪。在这些情绪绘本中，孩子不仅可以学到很多情绪语汇，也有机会了解情绪的前因后果以及调节的方式。想为孩子选择好的情绪绘本，爸爸妈妈可以参考《童书久久 II 》的情绪类书单，或是《亲子天下 Baby 宝宝季刊第十期》的内容。

此外，也可以和孩子玩一些情绪的小游戏。例如爸爸妈妈可以和孩子一起制作一些情绪脸谱的小卡片，或是做成骰子也可以。然后利用游戏的方式，请孩子在情绪脸谱的卡片中选出一张最能代表自己现在心情的脸谱，并说出产生此情绪的理由，例如孩子选一张笑脸的图卡，然后要说出“我很开心，因为爸爸今天陪我玩”；或是请孩子揣测别人的心情并说出原因，接着请那位被揣测的人给予回馈。如果孩子玩得投入，一阵子之后，还可以玩进阶版，加入更多的情绪类别，并在分享时加入并存情绪或冲突情绪的讨论，例如“我又高兴又有点难过，因为我要去爷爷奶奶家玩，但是妈妈不能和我一起去”。通过简单的游戏，孩子有机会去表述自己的情绪、说明情绪背后的理由，并试图去理解他人的情绪；同时，孩子也可以通过聆听他人的表述去检视自己行为可能会带给他人何种印象。

最后，爸爸妈妈更可以结合游戏、绘本讲述、扮演游戏以及生活情境中真实事件的讨论，提供孩子多元的途径来学习和思考情绪经验，如此将可以帮助孩子在处理及面对情绪问题时能更精进。

chapter 4

从“我”到“我们”，人际交往能力影响一生

看过小小孩玩耍的人都明白，孩子一开始都自己玩，渐渐才懂得跟别人一起共玩共享，从自我到群体的过程，有人融入得很好，有人却始终格格不入，人际交往能力影响孩子的所有生活，该怎么培养？

孩子什么时候开始知道有“自己”，至今仍是悬而未决的谜。

尽管发展心理学家努力探究，但对于婴儿究竟是天生就有自我感觉，还是一团混沌，仍有很多争议。目前比较能确定的是，大约在 2 ~ 3 个月之间，婴儿好像已经知道自己和环境是不同的；而大概要到 18 ~ 24 个月之间，婴儿才知道镜子中的人就是“我”，一般认为，这是“自我认识”的重要里程碑。

先知道“我”是谁

3 岁左右，幼儿开始对“当前的自我”有所认识，知道自己的名字、

外表和拥有物等，到了大约 4 ~ 5 岁左右，孩子发展出“延展自我”，知道自己过去发生过的事和现在的我是同一个我，并通过父母和重要他人的描述和评价，更知道自己是怎么样的一个人。

儿童和青少年时期，孩子对自己的认识从身体、行为和其他外在特质，逐渐演变为内在的持久特质，包括自己聪不聪明、个性和兴趣如何等心理特质的了解，通过自己的眼光、重要他人的评价和同侪的比较，孩子越来越认识自己。

再了解“别人”是谁

孩子们开始产生人我之间的觉察之后，他们会很快发现，要适应环境就必须和他人互动，与手足、同龄人互动，是帮助孩子了解他人的想法和行动的重要契机。

在家庭中，孩子学会从父母对自己和对手足的评价及对待中，了解自己和手足的相同与不同。之后，当孩子进入学校，与同龄人的互动成为了解他人更重要的关键，在与同龄人互动的过程中，孩子学习区辨他人的能力和特质，也学会协商与合作。一项有趣的研究发现，幼儿园的孩子就已经很“现实”，如果要求孩子进行学业方面的竞赛，他们会选择与聪明的孩子一组，但如果要求孩子选择游戏玩伴，他们则会选择社交技巧较佳的同龄人。同龄人的互动和游戏也促成角色取替能力和社会技巧的成熟，例如要玩过家家，孩子必须通过讨论决定谁是爸爸、谁是妈妈，家里又要有几个小孩……在游戏中孩子必须协商和进行必要的妥协，以使游戏顺利进行。

另外，有研究发现，“同龄人的冲突”对儿童比一般的互动更有帮助。友伴之间的争执正是孩子了解他人的绝佳时机，由于孩子对于自己的朋友更开放和诚实，也更有动机解决与朋友的冲突，因此，在孩子与同龄人冲突、讨论和协调的过程中，父母和老师不必急着介入，孩子在争执的过程中，其实也正是表达自己的观点和评价他人的观点的时候，冲突过后的沉淀和反思，会让孩子了解更多社会和人与人之间的互动。

与手足、同龄人互动

光是认识自己与他人，并不表示自己和他人就可以有良好的相处。在家庭中，手足间的相处是人际学习重要的第一步，不同于父母努力配合孩子的需求，手足间对父母的爱和家庭资源的竞争常导致冲突，如果父母一方面能尽可能的持平对待孩子，让孩子知道家庭是一体的，另一方面努力和每个孩子都建立良好的亲子关系，则手足间比较能从竞争的关系转化成分享和互助的关系。

对孩子来说，手足的关系虽不可选择，却也不会轻易失去，但友伴关系是要经营和学习才能拥有的，儿童人际关系的研究发现，孩子在成长的过程中是不是能交到好朋友，深切地影响了孩子的发展。好朋友可以提供支持、陪伴和激励，不仅帮助孩子更认识自己，更让孩子习得重要的人际能力，甚至影响内在心理模式，使孩子在长大后更了解恋爱、婚姻及各种社会关系的实际面与心理运作。因此，要帮助孩子建立人际能力，学习“交朋友”可说是最重要的实战演练。

根据研究，2 岁左右的幼儿就已经会选择互相喜欢的玩伴来互动，在 3 ~ 7 岁之间，孩子进入“游戏的朋友”阶段，谁和孩子一起玩，谁就是好朋友；到了 8 ~ 11 岁，友谊的内涵改变了，对孩子来说，朋友的定义不再只是在一起玩；这时的孩子开始进入“忠诚的朋友”阶段，愿意分享、关心彼此的需要、提供陪伴和支持，成为这时期好朋友的条件；到了青少年以后，分享想法和感受成为新的要求，这时就进入“亲密的朋友”阶段，这时的好朋友是指彼此相信、能够自我揭露、分享秘密的人。一旦进入这个阶段，孩子就开始体会到手帕之交或哥儿们的深切友谊，好的友谊将伴随孩子走过漫长的青春路，而这样的关系是手足、父母或老师都不能取代的。

研究也发现，对孩子而言，“没有朋友”是一件颇严重的事，与有好朋友的同龄人比较起来，在学校交不到朋友的孩子不仅学习意愿较低落，学业成绩较差，较常有受到同学排斥和拒绝的经验，也和少年犯罪、暴力行为以及忧郁等问题有密切的关联，而一些重大的校园案件的加害者常常是社交孤立的受害者。

学会 3 个人际技巧

在学习建立人际关系的过程中，孩子如果遇到困难，可以从环境的提供、同理心及社会认知的教导，以及互动技巧的学习等 3 个主要的方面来帮助他们。

1. 创造能培养关系的环境

对孩子来说，人际关系成立的重要外在条件是“机会”和“相似度”。以交朋友为例，要成为朋友，孩子必须有时间和其他的孩子一起玩或做活动。孩子在学校虽然看似和同学在一起，但学校的活动常是孤立的，不管上课也好、考试也罢，孩子们常只是“在一起各做各的事”，没有真正的互动，学校以外的时间，孩子的时间又常被排满各种才艺或学习，这些活动通常也是孤立而没有真正人际互动的，长期下来，孩子根本没有机会练习与人相处，更遑论辨识彼此的相似度。

因此，提供孩子一点放空和留白的时间，让孩子和别的孩子一同游戏，或在各种学习活动中，把同侪互动就安排进课程的要求中，是让孩子有机会建立人际关系的第一步。

2. 培养同理心和正面解读能力

要在人际关系中成功，一个可能的方法是让孩子变成更好的人。研究发现，较具有同理心和展现较多利他行为的孩子，因为对他人的需要较为敏锐，也比较愿意分享或帮助别人，因此人际关系也比较好。但同理心和利他行为的教导并不容易，父母必须从孩子小的时候就温暖敏锐地对待他们，提供好的言传身教，并经常通过实际的例子和孩子分享讨论，才能培养出有内在好品格的孩子。

另一个有效的方法，则是教导孩子正面解读人际信息。给一个情境题："如果你走进教室，2 个同学一看到你，就停下原本的动作，其中一个同学靠近另一个同学的耳边悄悄说了什么。你觉得他们在说什么呢？你又会如何反应呢？"

这是一个典型的社会认知模式的测试题，研究发现，人际关系好的孩子通常会做正面解读，他们可能会想"这 2 个人可能在说秘密"或"教室太吵了，他们必须靠近才听得到"，但人际关系不好的孩子做出的则通常是负面解读，他们想的通常是"他们一定是在说我的坏话"。

因此，父母可以用实例讨论或用角色扮演的方式，教导孩子正面解读人际信息。如果孩子能在人际互动中，习惯性的善意解读别人的信息，孩子就会更愿意主动亲近同学以建立友谊。即使真的有负面的事件发生，他们也能练习以"适度的迟钝"或"对方不是故意的"来响应，这种正面的态度可以大大降低人际相处的压力和难度，在人际关系中也比较不会觉得受伤。

3. 学习融入人群的互动技巧

在同侪中受欢迎的孩子有些特质及特别的人际模式，例如他们比较友善、愿意妥协、喜欢和人相处，以及对他人的需求较为敏锐。在一项著名的系列研究中，研究者邀请受测的孩子加入一项扮演游戏，并提供不符合受测孩子愿望的建议，例如研究者问孩子："你当宝宝，我当妈妈，好不好？"结果发现，受同学欢迎的孩子在此时比较愿意接受建议加入游戏，在加入游戏一段时间后，才提出意见要求换角色，但不受同学欢迎的孩子因为角色安排不如他的意，要不就是拒绝加入游戏，或是一开始就要求调整成自己想要的角色，结果反而没办法顺利融入团体。

在另一个重要的研究中，研究者发现受欢迎的孩子在加入团体时会以比较"不着痕迹"的方式加入，他们不会在别的孩子活动进行中很突兀地打断，或学动画片里的巧虎说："我可以跟你们玩吗？"然后就直接要求进入团体，他们的方式常是先在一旁等待并观看活动或游戏的进行，接着和当中的成员简单地交谈，最后就自然而然地逐渐进入了团体中。

父母可以用这样的概念让孩子练习融入团体：先等待与观察、继而以简单且友善的方法加入。并提醒孩子，一开始不要太坚持己见，先进入团体一段时间后，再展开协商。此外，如果孩子的状况不好，实际的演练就很重要。孩子每天在学校遇到的事件，父母都可以和孩子讨论，重新进行角色扮演的练习，必要时，父母可以在孩子进行团体活动时观察孩子的举动，并在活动后和孩子讨论他的表现。

从认识自己、了解他人，到建立起人际关系，都是社会化的重要学习过程，有些孩子似乎天生就是人际高手，但有的孩子需要一再学习才能建立起好的人际关系，但愿父母的用心教导和陪伴，能让每个孩子都顺利走过这段从"我"到"我们"之路！

chapter 5

在对的时候，给他需要的知识

性教育、性别教育，究竟有什么差别？有哪些相关？如何在对的时候，给孩子合宜的性教育，才不会因不当的引导造成身心发展的困扰？

从儿童身心发展谈性教育

在谈孩子的性教育跟性别教育时，先要区别两个字，一个是 sex（性），一个是 gender（性别）。这两件事情其实没办法全然划分，因为 sex 是 gender 的基础，我们通常会把 sex 称为“生物性别”，把 gender 称为“社会性别”。社会性别的发展根植于生物性别，这是有神经生理基础的，一个人的生物性别与社会性别是彼此交织的。

早年在做性别教育的人很喜欢做二分法的区分，会说 sex 是先天的，gender 是后天学来的，似乎认为这两个东西是可以切割的；但这种概念是不对的，现在很多问题就是从这个错误认知来的。人出生之后，生物性别就会慢慢展现出来，这个生物性别一方面会导致别人对待他的方式不同。

例如，妈妈可能会让女儿穿粉红色的衣服；让儿子穿水蓝色的衣服。另一方面，孩子在知道自己的生物性别之后，也会主动地去寻求成长环境中，跟他性别相属的各种言行举止与价值观，努力地想要表现出性别合宜的行为。所以社会性别的形成，不只是孩子被动地吸收，更是孩子主动构建出来的，是孩子自己要的。

概念澄清之后，我们先回到“生物性别”sex 这部分。“生物性别”牵涉三个东西，一个是基因，这在受孕的那一刻就决定了。再来是受精卵成为胚胎之后，在母亲的子宫里会开始分化，所以生物性别受到的第二个影响是荷尔蒙。性荷尔蒙的分泌决定孩子性器官的外观会长成什么样子。

出生之后，儿童时期在外观上，男女的差异不会太大。但到了青春期，身体跟大脑会开始产生剧烈的变化，下视丘会对脑下垂体下一个命令，让身体开始性生理的发展，这时身体就开始分泌大量的性荷尔蒙，促使身体做剧烈的改变。女性开始有胸部、屁股变大、脂肪变厚、卵巢开始成熟，开始有月经。男生开始会变声、喉头下降、长出胡子、开始梦遗……青春期孩子的身体开始一连串剧烈的改组。这个剧烈的改组，使得人在生理上，女生更像女生，男生更像男生。而性生理的变化也促使孩子产生认知上的改变。

依身心发展阶段给予完整的性生理教育

如果是一个考虑到孩子身心发展的性别教育，应该依照孩子身心发展与认知发展的阶段给予不同的内容。为了呈现完整的性发展阶段，我这边会从幼儿阶段一直谈到青春期，希望能给爸爸妈妈关于性教育比较完整的图像。

1. 幼儿阶段

小朋友开始有性别的认定，认定我是男生还是女生。接下来会发展出性别的稳定，我是男生，我将来长大还是男生，不会一下变男、一下变女。接下来发展到性别的恒定，如果我是男生，不会因为我留长头发或穿裙子就变成女生。小孩大概都会经历：性别认定、性别稳定、性别恒定的过程。

在幼儿园跟小学低年级，性别教育不一定会编入教材，但爸妈可以跟小孩说，不论你是男生或女生，都是值得喜悦的。因为社会上还是有一些重男轻女的观念，女孩子可能会觉得当女生不好。所以在这个阶段可以帮助孩子认识自己的性别，而且接纳自己的性别，并初步认识男女生理上一些基本的不同。

2. 小学中低年级阶段

这时候教育的重点，倒不是要刻意去打破孩子自然形成的性别区隔现象。教导的重点可以放在：当有些孩子跟一般孩子不同的时候，我们要给予接纳。例如有些男生喜欢跟女生玩，他也许因此受到同学嘲弄，老师可以给这样的孩子多一些帮助。

3. 小学高年级阶段

打破性别刻板印象是这个阶段教育的重点。让学生开始认识，女生也可以开卡车、女生也可以当总统；男生也可以当护士、幼儿园老师等等。老师可以举很多正面的例子，帮助孩子看到自己在生涯选择的无限可能；而且帮助孩子不要因为性别的关系，对于自己能力、兴趣、梦想所及的事情放弃。这样的教育对中高年级的孩子很重要，他们的认知比较成熟，会去思考我喜欢做什么、想要做什么，去探索自己的能力、兴趣，去争取所有可能的机会。

4. 青春期阶段

★ 更完整的“性生理教育”

到了青春期，要给孩子关于性生理清楚的教导跟论述，包括：胚胎怎么形成、荷尔蒙会怎么影响他、青春期会经历哪些身体的改变。重要的是，让孩子知道，我的身体开始变化，表示我的发展是正常的，这是一件好事。

对孩子来说，如果没有给他正面的教导，他可能觉得青春期有够麻烦、有够丢脸的。你会看到有些女生天气很热，还要穿外套、还要驼背，为什么？因为她觉得胸部变大很怪、很丢脸。可是如果让她知道，有这些变化，表示她是一个正常发育的孩子。我们要帮助孩子清楚知道，青春期只是一个过渡阶段，虽然要花几年的时间去经历这些变化，但终究会过去。例如女孩胸部在发育，可以告诉她要穿戴适合的胸罩、要把背挺起来，这样经过这时期的发育之后，才会漂亮。**让孩子对自己的发育过程有一些心理准备，知道过程会出现什么，赋予这些事情大量的正面意义。**帮助他，让他知道怎么做可以让发育更为顺利、更为美好，孩子在这个过程就会顺利得多。

★ 有了“性生理教育”的基础，可以开始跟孩子谈性跟爱的议题

因为这时候他们开始有性的冲动与好奇。过去的性教育就是少少的性知识，没有性爱教育。其实中学可以开始跟孩子谈这些。因为这个时期，孩子的身体成长跑在心智成长前面，他们的身体跟大人一样大，可是心智上可能还非常幼稚。但伴随着性生理的发展，孩子脑部的认知能力也在发展，开始进行大幅地修剪和改组，形成新的认知模式。他开始会觉得别人

讲的话没那么有道理，开始有不同的想法。他开始会跟父母吵架、顶嘴、呛声……这些看似负面行为的背后，其实是好事情，这表示他的多元思考能力出来了，他的思考更有弹性、看事情的角度也变多了。至于他为什么喜欢跟父母呛声、顶嘴，某种程度是因为他相信跟父母练习最安全。

父母可以告诉孩子："你有这个新的想法真的很棒，表示你在长大。可是你还要花好几年的时间，思辨能力才会更完整、更成熟，所以当你要呛声的时候，要知道，你可以表达意见，但要练习用合宜的方式。"这也是青春期发展过程中，要去教导孩子的部分。

跟孩子讨论情感和情欲

伴随孩子多元思考能力的出现，除了性生理的发展，也可以开始跟孩子讨论情感这回事。可以跟孩子开始谈：什么是感情？什么是交往？你将来期待找到什么样的对象？异性相处有什么样的原则？

但是，这时候该不该跟孩子谈同性恋、谈情欲的探索？ 比较好的做法是，当孩子可以理解的时候，有一个谈话的空间。例如跟孩子谈同学之间的友谊，这种同性的情感，跟他们和异性之间伴随性冲动的这种好奇，有什么不一样？或是将来他要跟谁交往，应该做什么样的心理准备？什么样的交往历程才是一个比较合宜的历程？父母的婚姻关系对他的意义是什么？婚姻为什么需要忠诚？为什么需要承诺？甚至为什么要有婚姻？

这些对青春期的孩子来说都可以谈，现在台湾省性教育很大的问题是完整的性生理、情感教育这些东西都不谈，就直接谈性的探索。事实上，在进行性教育的同时，更重要的是要同时有情感的教育。要跟孩子谈：父母对待他的方式，是不是让他对爱这件事情有一定程度的了解？孩子的成长过程中，父母如何相处，如何彼此相爱或彼此伤害，对孩子都有很大的影响。

如果孩子在中学的时候就有机会知道：他未来所构建的情感关系不只是对自己有影响，对下一代也有影响。虽然他没有办法选择父母的婚姻关系，但他是不是能对此有所觉察是很重要的。情感、婚姻必然包含性与爱。青春期孩子的性跑在爱之前，如果能让孩子学习等等他的爱，让他们对情感的学习更有想法；然后把性跟爱结合起来进入一个稳定的情感关系，他会得到一个比较美好的、长久的关系。

到了高中阶段，孩子身体的发展渐趋于稳定，思考能力也更好了。这时候，安全性行为、同志的议题、婚姻的价值、情感的学习、家庭对人的影响等问题，都应该好好来谈。父母不谈，孩子也会通过新闻媒体、电视电影剧情、网络传言……去揣测和思考这些事，但他得到的信息可能是夸大的和偏差的。其实我们可以选一些好的论述文章和实例，和高中的孩子就各种议题做深入的讨论，**父母越正面越坦诚，孩子就能在这个过程重新去思考很多行为背后的价值，什么才是真正对他的人生有益的。**

教育一定牵涉到价值判断和选择，凡事都可教，但不一定都有益处。教育希望培养健全的人格，这些孩子将要成为我们社会的公民，要延续人类的生命，这是何等重要的事！因此要去思考，要教孩子什么、提供什么样的判断，同时还要思考孩子身心发展的状况，才能维持社会的稳定、维持个人的成长。

chapter 6

如何教养出道德成熟的孩子？

大家都同意道德很重要，但真要谈道德，却又觉得是个令人反感的无聊主题。我们一起来看看该怎么说？

由“他律”转向“自律”

道德教育这个古老的教育问题最近突然又大大热门了起来，教育部门和民间有识之士全都跑出来大谈道德教育的重要，并得到父母、老师们的广大呼应！在台湾省，原本我们这一辈的人在受教育的时候，还会学一些“生活与伦理”“公民与道德”之类的科目，但自从把道德教育融入各科之后，融一融道德就不见了，结果从此“缺德”的教育带来非常严重的后果，越来越多人意识到，现在的孩子变得越来越自我中心，不尊重人也不懂得自重自爱。当品德出了问题，孩子的知识和成绩都没有了意义！

困难的是，如何教养出有道德的孩子？

一般而言，道德包含“他律”和“自律”的成分，孩子是否能由“他律”转向“自律”，是道德教育成败的关键。例如，孩子在父母或老师的规定或要求下，表现出令人满意的道德行为，这种因应外在规范而生的道德就是“他律”的道德；但是，当孩子有了他律的道德，并不值得太高兴，这通常只表示在有他人在场并伴随奖惩的情况下，孩子会有合乎期待的表现，一旦奖惩消失，道德行为可能也跟着消失。“自律”的道德则不同，如果父母、老师不在场，或是做了好行为没有奖赏，做了坏事也不见得会被发现的情况下，孩子还能做出正确的判断，表现出合宜的道德行为，这时，我们才能说孩子的道德发展的确成熟了。

那么，如何帮助孩子的道德能由他律转向自律发展呢？

1. 行为奖惩

当孩子尚年幼的时候，对于社会规范还没有清楚的认识，这时要求孩子的行为合乎道德，“赏善罚恶”是最容易做，也最能立即见效的。爸爸妈妈可以用清楚的话语，明确地告诉孩子什么该做，什么不可以做，当孩子做到了该做的事就给予奖励，做了不该做的事就给他惩罚。

通过行为奖惩来要求孩子，虽然很容易就看到表面的效果，但这种方式不能保证当孩子独自面对诱惑时，孩子仍可以守住道德的原则。因此，当孩子开始能听懂道理时，父母在进行道德教导时，就不能只是依赖外在行为的控制，还要加上认知说理，这是帮助孩子迈向独立道德判断的重要开端。

2. 认知说理

跟孩子“讲道理”是现代父母最爱用的招数，但爸爸妈妈很快就会发现，在努力地说完大道理后，孩子行为改变的程度非常有限。为什么会这样呢？

研究发现，孩子的行为要通过认知历程改变，不是父母光靠一张嘴说说就可以做到的。“讲道理”要有效果，至少要有 2 个条件的配合：

★ 孩子是不是有认知涉入

爸爸妈妈在讲道理时首先要留意，自己所说的大道理是不是孩子的年龄和程度所能懂的？尤其是道德方面的教导，通常需要一定的人生经验才能体会，因此父母要用浅白的话语加上孩子生活经验中的例子，孩子才知道你在说些什么。其次，不要等到事情发生了，才伴随着怒气边骂边讲道理，这样效果就很差，父母平时就可以利用各种生活中的例子跟孩子讨论，例如：孩子发现学校有小朋友会欺负别人或偷拿东西，父母就可以借机和孩子做价值澄清：先呈现事件，让孩子表达看法，再通过引导式的问题帮助孩子思考问题。父母越不急着告诉孩子结论，尽量让孩子通过讨论来思考，孩子的认知涉入就越深。这种方式说出来的道理，才能真正进入孩子的心中。

★ 认知与行为教导并进

很多父母以为，不打不骂，讲完道理，自己的教导就完成了。事实上，孩子在“懂了道理”之后，父母还要让孩子知道“怎么做”，认知教导才算完成。以欺负人为例，父母告诉孩子打人是不对的，别人会痛会难过，还要让孩子学习，如果与人有冲突，应该怎么做，或是有人想伤害自己时，应该要怎么响应。**这种教导就像“实战模拟演练”，只有孩子脑袋中有能力做道德判断，再加上实际行为的演练，才能帮助孩子在真正面对情境时知所应对。**

3. 道德情感

或许父母们要质疑，订立行为规范、教导各种道理，这不就是长久以来父母和学校教育一直在做的吗？但为什么孩子的道德教育还是陷入困境呢？

越来越多的研究指出，道德教育最大的问题就是：忽略了道德情感的体验！要使认知及行为的教导真正“由外而内”，内化成孩子的一部分，情感的体验是不可或缺的。例如：孩子因争夺玩具打伤了弟弟，爸爸妈妈除了给予惩罚，告诉他伤害别人是不对的以外，更应该让孩子去亲眼看看弟弟的伤口，见证弟弟的痛苦，并对这个手足伤害的事件表达父母心中深切的哀伤。唯有激发出孩子对弟弟痛苦的同理情感，并体验到伤害别人的罪疚感，这种道德情感的深刻激荡才能让孩子再面对类似的情况时，能够自我克制，不再做出伤害人的行为。少了道德情感激发的层面，只是惩罚加上说理，有时甚至会造成反效果，使孩子看不见自己行为的过错，反而怪罪是弟弟害他被爸爸妈妈骂。

若父母能通过行为的要求，再加上认知说理与情感体验帮助孩子提升道德判断的层次，则孩子就能渐渐地由他律转向自律，成为一个道德成熟的孩子。

4. 爱与榜样

前述的方法着重在“怎么教”，但爸爸妈妈要体认到，对孩子而言更重要的是“谁在教”。曾有一个很发人深省的实验，两名研究者进入一个班级中，一名研究者表现得仁慈又有爱心，另一名研究者则表现得刻薄恶劣，这两名研究者与学童相处两个星期后，一位经过安排的募捐者进入班级，要求学童捐助金钱或文具帮助可怜的孤儿，当学童捐完东西后，一半的学童得到仁慈研究者的赞赏，另一半学童得到刻薄研究者的赞赏；一星期后，募捐者再度被安排进入班级募捐。实验结果是：得到仁慈研究者赞赏的学童捐助行为增加，而得到刻薄研究者赞赏的学童捐助行为大幅减少！

这个实验提醒我们，孩子正在评价父母是什么样的人！如果父母自己在道德上没有好榜样，再多的教导只是更加令人反感。因此如果父母用尽了方法，却发现孩子还是不买账，或许爸爸妈妈要反躬自省，是不是自己平常的言行在孩子眼中没有说服力！

“教育之道无他，唯爱与榜样而已。”好的品德比什么都重要，道德教育是一条漫长却又非走不可的道路，**父母要善用认知、情感、行为的方式教导孩子，再加上以身作则的榜样，才能教出道德成熟的孩子。**

chapter 7

孩子的自律并非一蹴而就

德国式的教养法最近大行其道，很多父母都希望从小养成孩子“自律”的习惯。到底“自律”是什么？又应该怎么教导呢？

什么是“自律”？广义来说，不管是言行举止、思想、情感，你能够有所了解，而且通过一个合宜的方式去要求自己，然后表现出来，这都可以是自律的范围。因为自律牵涉到自我觉察和自我要求，所以基本上它是个很高层次、涉及非常多面向的事情。常听到父母们说：“成绩分数还是其次，我最重视孩子要自律，要有责任感。”当父母这样说的时候，其实心中隐含着一个假设：孩子要“自然而然”地展现出“父母认为”应该要做到的事情才叫作自律。

但这个假设本身就是有问题的。第一，孩子的自我掌控与自省能力，牵涉到大脑额叶的成熟。虽然 4 岁之后额叶快速发展，可是得一直到 20 岁左右，整个髓鞘化才完成。在这之前，孩子这方面的能力会有很多疏漏。很多父母期望孩子做的事情，并不是孩子随着发展就会自然展现地本能行为，**除非父母刻意要求并在过程中给予合宜教导，否则“自动自发”这件事是不可能出现的。**

第二个问题在于，父母会有一些自己未察觉的或没有说出口的期望跟标准，可是孩子并不知道。比如妈妈爱好整洁，她理所当然地认为孩子最重要的就是把东西整理好。孩子可能以为把布偶放床上，睡觉时可抱着就算整理好，但妈妈觉得要放在柜子上，并依照高矮顺序排列才叫整理。问题是，孩子并不清楚妈妈心中预设的标准，当中的落差就引发了问题或冲突，但这并不是孩子不自律或不愿负责任所致。自律是一个长期的、认知和行为逐步构建的过程，是父母用心教出来的，重点是历程中父母的引导，以及孩子接收到的信息，而不是直接跳到最终的好行为。在未经明确教导和练习的情况下，期待孩子自然而然去做并达到父母的期待，这完全不切实际。**带着孩子迈向自律，父母首先要厘清问题、说明标准、带着做，最后帮助孩子内化。**

第一步：厘清问题

父母第一个会问：“我该怎么做？”其实，先了解“为什么”才是更重要的。当孩子没有做出符合成人期待的行为时，父母可以从孩子年龄、各方面的发展去厘清原因。例如，孩子在客人来时大吼大叫，相当“没礼貌”。很多妈妈就会等客人走了，把他告诫一顿，下次却又旧事重演。父母要分辨一下孩子“人来疯”的原因。

或许他本来就是个过动或情绪障碍的孩子，客人来时造成了一个压力情境，导致他情绪失控，这时就要去矫正或治疗，而不是打一顿或讲道理可以解决的。也或许孩子是独生子，今天客人来的时候带了几个小朋友，他就非常激动，此时父母就要察觉，孩子需要的是足够的玩伴经验。若孩子只是纯粹兴奋，那么下次客人来之前就先让他知道，并清楚告诉他父母的期待。

第二步：说明标准，带着做

孩子本身状况的调整以外，父母平时面对孩子行为的处理和响应，相当程度的影响孩子今天的行为。举例来说，当孩子把他的玩具放床上，如果妈妈的反应是："你都没有收拾玩具！你都不负责任！"这样孩子只会意识到："妈妈不喜欢我在床上放东西。"或"我一定要把玩具放在妈妈喜欢的位置，否则妈妈会发怒。"这时孩子只体会到"妈妈很凶"，然后对自己的行为有一点羞耻感。

如果妈妈第一个反应是："你为什么把玩具放床上？""因为我很喜欢，我想跟它们睡觉。""对啊，很好，可是你要躺在床上睡觉才会舒服，它们也要回到它们自己的床上睡觉才会舒服。娃娃的床在哪里？机器人的床在哪里？车车的床在哪里？"然后带孩子一一去放。如果妈妈是这样引导，下次孩子睡觉前就会收，此时妈妈期待的负责任或自律就会出现。

父母将规则说清楚后，如果面对的是年纪比较小的孩子，还要带着他一遍又一遍地做，然后看他做，一直到确定放手后他也可以做到。

临门一脚：在人格上贴标签

接下来还要再撑一段时间。这段时间里，当孩子主动去做时，要给予奖励，口头或实际的都可以。奖励一开始要非常实时，当这个行为成为习惯后，为了让它有延续的效果，还需要给予不定期的奖励。

然后很重要的，父母要把这个行为转为孩子的自我概念，这样教导的工作才完成。例如，引导了一阵子之后，孩子已经可以自动收拾房间了，父母要在孩子面前，让孩子知道你觉得他很棒，或是在客人、爷爷奶奶、姥姥姥爷来时，说："这个孩子很棒哦，房间都自己收，你们去看，我们家的模范房间就是他的房间。我觉得这个孩子有很好的品行，很爱整洁，很负责任。"

一开始只是一个行为的建立，但这个时候父母已经在孩子的人格上贴标签："他是个爱整洁、负责任、会把自己事情做好的人"。对于孩子来说，一开始他只是在建立行为，慢慢地，他的自我概念就变成："我是一个爱整洁、负责任、会把东西整理好的人。因为我是这样的人，所以我要自动表现出这样子的行为。"虽然这是父母努力教导的结果，但是要把功劳归给孩子，这个好行为才会根深蒂固成为孩子的一部分。

或许父母该做的都做了，期望的行为却没有立刻出来，非常挫折。但这个期盼真的没有进入孩子的心里吗？其实可能有，只是他年龄不到，或领悟不到，或他反刍消化到能够展现行为需要一些时间。或许过了一两年，或是到了一个节点，父母会发现，孩子突然就变成了当年父母期待的样子。也许那个时间点不在你期待的时间里，但我觉得被用心爱过、管教过的孩子，不会糟到哪里去。当父母的不要失去盼望。

第 6 部

教养理念

- 教养派别这么多，父母怎么办？
- 幼儿只是年幼，不是肤浅
- 比学习书本和才艺更重要的事
- 游戏，最好的心智和人际交往训练

chapter 1

教养派别这么多，父母怎么办?

面对坊间众说纷纭、甚至自相矛盾的教养信息，家长究竟该怎么办？掌握2大心法，帮助你在信息大海中不茫然。

话说有一天，我母亲顺手拿起放在客厅茶几上的《亲子天下》，她很仔细看了半天，居然松了一口气说：“还好你们都长大了，现在当父母真不简单，要读这么多册……”我想，我知道她在说什么。

在极度的教养焦虑中，大量的教养专家出现了。这些专家包括了学者、名人、明星，还有的其实也不是谁，只是小孩考上了名校或得了什么奖。凡此种种，人人都在分享教养经验，人人都可以说出一套教养理念。面对这么多教养信息，父母怎么判断？或许可从2方面帮助家长省思：

心法1：把个人经验当成“特例”

大致说来，教养信息可以分成2大类。第一种是“个人经验谈”，这些人可能本身就是名人、对教育很有个人见解，或是他的孩子有特别的成就，面对这类个人经验的教养信息，父母可以参考，但要记得把它当作“特例”。

例如曾有位畅销书作者出书说，孩子不听话时要用木汤匙用力打，孩子就会顺服。因这只是个人经验，所以父母看到这样的信息时，就要知道这只是特例。所谓特例就是：对他家孩子有效，未必对自家孩子也有效，可能他用力打一打，孩子真的变乖，但你用力打下去，可能不只打碎了亲情，还打出了孩子的怯懦和恐惧；同时，因为是特例，所以每 100 个人可能只有一个人刚好有效，而他的孩子就是那刚好的一个。

另一方面，接收这类经验谈的信息时，也要留意他的推论。他的孩子或许的确教得好，但原因可能并不是他自己以为的那样。以上述体罚造就乖孩子的论点来说，事实上已经有大量的证据指出，体罚虽立即见效，却对孩子的人格有长期的不良后果，但这位作者又的确养出了身心都很健康的孩子。为什么？

如果读者够细心，会发现这位作者本身个性是很有韧性的，这使她得以度过极度艰难的生命经历；此外，她和夫婿彼此深切相爱，同心合意教养孩子，并有坚定信仰支撑。所以她的孩子得以顺利成长，关键可能根本不在作者所推崇的体罚，而是有其他更重要的条件在支持。读者如果只学到了体罚，却没有其他条件配合，效果可能适得其反。

心法 2：研究结果视为“原则”

第二种教养信息则是基于研究结果。科学研究讲求可重复验证，每个研究发现都要经过许多验证后，才成为假设或理论，对此类信息父母可将之视为“原则”。意思是说：若确实经过严谨的研究与验证，有效的概率是比较高的。

但父母也要明白：**人是复杂的个体，每个孩子都不尽相同，自己的孩子有可能是那无效的少数；同时，提出这类建议的专家，只是在陈述科学研究发现，未必他的孩子就一定出类拔萃。**

多看多听，还要自我省思

虽然教养信息繁多，但多看多听还是好的。我们在成长过程中，并没有正式的课程好好教我们如何为人父母，大多数人拥有的就是自己的成长经验。但当我们多看多听时，我们就有机会从别人的经验和研究发现中去省思，我们到底想要培养出什么样的孩子？这促使父母思考自己的成长经验和生命价值观，然后才有机会脱离只学教养技巧的层次，真正在亲职上有内在的成长。

另外，在看到别人的教养分享时，父母可以再想一下，这样做对孩子有益的真正理由是什么。举个例子来说，有位亲子教养作家，经常分享她在教孩子做菜过程中如何教养孩子，但接下来我就看到，有的父母为了把孩子送去她那里学做菜，大老远坐很久的车，或等了大半年才有机会排进课程中。

看到这情形我常想，这些父母难道以为把孩子送去做一次菜就是在教养孩子吗？这个经验的核心，应该是通过让孩子用心尽力完成一件事，在过程中培养孩子的耐心、负责和美感，所以做菜根本不是重点。如果参加这位作者的课程很不方便，其实父母大可以把时间省下来，在自己家里陪孩子一起洗车也好、整理房间也好，在过程中让孩子用心地、仔细地完成所有细节，并体会亲子互动的乐趣，以及尽力完成一件事的成就感。这样的陪伴经验，同样可以达到相同目的。

面对各种教养信息，父母真的不必太紧张。多看多听多想，但也要放宽心，看到合自己意的教养信息，就试着用用看；没有效，也可以修正没关系。**正如孩子可以学习，父母也可以学习，只要父母用心在做，孩子一定体会得到。**

chapter 2

幼儿只是年幼，不是肤浅

孩子年纪小，不等于可以随便教导了事。将来他是思维细致，还是粗糙鲁莽，都在亲师教导的细微差异中，逐渐放大成形。

日前和几位多年不见的好友相聚，我们这些大人们聊天不到一会儿，孩子们就因为抢积木片而起了些争执，一位朋友跟她 4 岁多的儿子说：“妈妈不是告诉过你要分享！这样别人才会跟你分享！”另一位朋友则用力抓住她正在发怒的 5 岁儿子，告诫他：“不可以打人听到没有！再打人妈妈就要修理你了！”

纷争处理过后，2 位好友发现我正盯着她们看，大笑起来说：“好啦，我们的儿童发展专家有何高见？”

教导，不求立即见效

倒不是什么高见，我只是觉得，孩子只是年幼，不表示在教导上就可以轻忽带过，只求解除当场的状况，而不管这些立即见效的方法到底带来什么长期的影响。

我问第一位友人，跟孩子说要分享的理由是“这样别人才会跟你分享”，会不会把“利他”的教导变成了“利己”的教导？如果父母的说法是“你看！只有你有，他也很想玩，可是他都没有。”让孩子因为留意他人的需要而真心愿意分享，同样是说一句话，对孩子的影响是不是会很不同？

同样的，我也跟第二位友人说，要孩子不要打人的方式是“再打人妈妈就打你”，这岂不是以暴制暴？若在孩子打人后带着他去看那被打的孩子是如何疼痛哭泣，让他知道他的动手造成了别人的痛苦，再问问他，下次想要积木，除了打人有没有更好的办法。如此孩子既有了罪疚感的体验，也学着在面对冲突时练习去思考解决事情的方法，这样的教导对孩子来说是不是更有意义？

我的两位朋友听了觉得有些道理，但也承认因为觉得孩子还小，应该没什么要紧，管教孩子的时候常常是随意教导了事。

我的感触倒是颇深，我自己是学儿童发展的，知道生命头几年的教导和学习对孩子的影响有多大，认知、情绪、道德、人格的基本运作模式，就在这几年成为大脑的基本构建，孩子之间的差异也就在这点点滴滴的教导中累积扩大。**随着年纪增长，每个孩子内在的心智越发不同，有些思维细致、良善真诚，有些粗糙鲁莽、浅薄自恋，而这皆始于童年阶段教导的细微差异。**

教导，不与生活脱节

放眼现今的幼儿教育，不只是家长，甚至许多幼儿园，常把孩子当成幼稚浅薄的个体，让孩子唱些叮叮咚咚的儿歌、做千篇一律的劳作、玩玩游戏吃吃点心、记些不重要的知识或做一些跟生活脱节的习题，以为这就是幼儿该学、可学的内容。

事实上，幼儿阶段有好多重要的事要学习。首先，孩子要学习基本的生活自理，一方面获得自我能力感，一方面学习为自己的事情负责任，因此吃饭、穿衣、如厕等生活细节，都需要示范与反复练习。其次，幼儿正处在对周遭环境好奇、感官敏锐的时期，以孩子的生活经验出发，对生活周遭人事物进行观察和探究，并试着想办法解决真实的问题，这样的经验才能启发孩子的心智，并让孩子感受到生活是有趣的、真实的和令人期待的。再者，孩子需要学习如何与人互动、如何与人合作、如何沟通与表达、面对冲突如何解决、自己的情绪如何调节。这些都是不容易学会的内容，需要父母、老师仔细说明当中的道理，给孩子方法，带着孩子一遍又一遍地练习并体验当中的细微感受。最后，孩子还要能体会大自然、艺术、音乐之美，让孩子从小就有丰富美好的心灵。而这一切，都需要真诚用心的大人，以尊重关怀的态度细心加以引导。

分享一个真实的例子。我到一所幼儿园辅导时，园里的老师对推行的幼儿园新课纲多有抱怨。例如点出“美感”领域太过抽象，认为教孩子唱儿歌、做劳作容易，但要教出美感未免唱高调！当天中午我让孩子们睡午觉前把窗帘都拉上，放松平躺闭上眼睛，之后我播放了被誉为“天上来的声音”的莫扎特竖笛协奏曲。音乐在寂静黑暗中流泻而出，长长的一个乐章播放着，平日午睡前的躁动与吵闹都消失了。音乐声落，安静中一个孩子突然发出由衷的赞叹：“好好听哦！”

谁说幼儿只能听喧闹花哨的儿歌，在这一刻，孩子真正体会到了音乐之美！

孩子只是年幼，并非浅薄，虽然心智质量的差异要好些年后才慢慢看得到，却始于我们眼前对孩子的教导。**在思考、情感、道德、人格和美感等不容易培养的方面，用心细腻才是上策。**

chapter 3

比学习书本和才艺更重要的事

早上学美语、算数学，下午玩音乐、做美劳，万圣节再来个变装秀……看起来琳琅满目又充实的幼儿园课程，适合你家的小孩吗？

随着少子化和父母越来越重视幼儿教育，幼教市场竞争越来越激烈，但也出现很多乱象。许多标榜外语及才艺教学的幼儿园不仅学费昂贵，家长想参观还要预约排个大半年，细究其课程安排，却发现根本就是不适合幼儿的分科教学。孩子早上一来先上外语课，然后操作数学教具写习题，接着练习拼音汉字，下午则排满各种音乐、美术与手工、体育等才艺课。满满的课表显示孩子整天都在赶课，而课程既与孩子的生活无关，彼此之间也没有关联。

有家长可能会问，这样不就表示课程很丰富吗？什么都学了，不就表示多元智能都在其内了吗？不学这些，那幼儿要学什么？

内容取材要从生活出发

孩子上幼儿园的目的应该是学习群体生活，并在幼儿园课程的帮助下，让身体、认知、语言、社会、情绪等各方面得以充分发展。所以幼儿园提供的课程，应该从幼儿每天的实际生活出发，一方面帮助幼儿学习基本的生活自理能力，可以自己好好吃饭、穿衣、上厕所、有礼貌、可以与人合作等；另一方面，更要提供有意义的学习机会，让幼儿的发展潜能以及想象创造的能力得以发挥。

幼儿园的课程应该要和幼儿实际的生活切身相关，提供帮助幼儿认识自己、认识周遭环境、发展心智的学习活动。因此，对孩子来说，认识我的身体、访问我的老师和朋友、探索校园里的动植物、尝试有趣的童玩等课程内容，就比万圣节变装秀、拼音、写习题有意义得多。能在生活中亲身体验、实际动手操作、思考讨论的学习方式，就比坐着听老师讲或写作业有意义得多。

课程安排应统整不分科

孩子的生活世界是整体的，不是分科的，所以分科教学等于是把孩子的生活世界切割成片片段段，对正要认识这个世界的幼儿来说，是非常不恰当的。

举实际的例子来说，有个幼儿园的主题课程是这样的：孩子在校园里的菜圃中发现了毛毛虫，非常好奇，于是老师开始带着孩子去观察毛毛虫吃什么、怎么活动、怎么变化，并让孩子把观察到的画下来，做成小小图画观察纪录来进行讨论。不久，毛毛虫结成了蛹，这时，孩子们发现，同样的毛毛虫结成的蛹居然有不同的颜色，到底是为什么呢？有了这样的提问，老师开始带着孩子们找原因，并鼓励孩子提出各种可能的假设，例如“可能是吃的叶子不一样”或“可能是结蛹的保护色”等，然后孩子就开始养毛毛虫进行实验，给毛毛虫吃不同的叶子、在毛毛虫结蛹的地方垫放不同颜色的色纸……孩子每天都满怀兴奋和期待来上学。最后发现，果然是结蛹时所在位置的颜色影响了蛹的颜色！**在整个主题课程进行的过程中，孩子观察、思考、分享讨论、实际动手操作、合作解决问题，这样的课程所提供的经验对孩子来说就是真实、完整而有意义的。**

对照分科教学的课程，孩子莫名其妙地跟着上完一堂又一堂的课，统整性课程才是适合幼儿的课程设计。

所以，家长必须要懂得选择与判断。选幼儿园时先看一下环境是否丰富，有没有足够的室外活动空间、有没有自然探索的环境、教室里是否有各种学习区，而不是把孩子关在小小的教室里拼命上课。并要仔细看课程表，是不是有完整的时段让孩子进行完整的探索，课程的内容是不是和孩子生活相关，老师是不是能够引导孩子思考讨论学习，还是只照表上课，写一堆外语、数学、拼音之类的习题，或是做千篇一律的劳作。

幼儿这几年是身体以及心智成长的关键时期，合宜的课程可以支持孩子各方面的成长，请家长一定要为孩子慎选幼儿园。

chapter 4

游戏，最好的心智和人际交往训练

“一天到晚就只知道玩！不准玩了。”身为爸妈，对于这句话大多不陌生，但从现在起，观念必须改变，如果孩子哪天不玩，那才真的要担心了！

古人有云：“业精于勤荒于嬉。”现代也有早已移民到美国去的虎妈告诉我们，华人因为重视孩子的学业而造就出类拔萃的下一代。从古代到现代，几千年来整个华人世界的父母最希望的，就是孩子一直努力奋发，好好学习；最不希望的，大概就是看到孩子整天“玩”而浪费时间了。

但儿童发展的研究证据显示：孩子不玩，事情可就大了！

不管是脑部研究的证据或心理学长期追踪的研究都发现，幼年时期的生活经验对人的一生有很大影响。幼儿时期因为身体快速成长，大脑也在快速的发育，孩子的身体、认知、语言和社会情绪，都在这段时间内有质和量上很大的变化，而促进这些变化的有个很重要的推手，就是“玩”！

每个成长中的幼儿都会以几近本能的方式，不断地寻求各种探索玩耍的机会。通过大量的“玩”，幼儿学到如何运用身体大小肌肉、手眼协调、促进感觉统合；幼儿也在“玩”的过程中，通过反复尝试与操弄，获得认知的成长；幼儿更在“玩”的经验中，不断经历语言与人际的互动，学会如何沟通、抒发情感以及解决冲突。**童年时期培养出来的“玩性”，不仅是长大后创新及发明的原动力，也是人格弹性和复原力的来源。**

用对的角度看待幼儿游戏

令人担心的是，现在的孩子似乎玩得越来越少、玩的质量也越来越差，而主要的原因竟是父母太重视孩子的教育，剥夺了孩子玩耍的机会。或者，有些父母就算听闻了游戏的重要性，想让孩子玩，却不知道要让孩子玩什么、怎么玩?

在幼儿游戏的研究领域中，我们通常会从两个主要的向度来看孩子的游戏行为，一个是游戏中的认知层次，另一个层面是游戏中的人际互动。

在游戏的认知层次方面，孩子刚开始的游戏，通常就是拿个东西不断地用相同的方式摆弄，例如把积木堆一堆然后推倒，听到积木倒塌的声音后哈哈大笑，然后又再堆再推倒、再堆再推倒……可能一整个上午都在重复相同的事而乐此不疲。父母这时不要觉得孩子玩法太无聊就抓狂，或干脆直接就把孩子带去看外语教学影片，因为孩子正在玩“功能游戏”，功能游戏除了帮助孩子使用身体技巧外，也帮助孩子了解物体的性质。

然后，愿意再等一等、忍一忍，让孩子玩个够的父母，就有机会看到孩子开始出现新的招式，玩法开始变换。在功能游戏持续一段时间后，父母会看到“构建游戏”和“假扮游戏”的成分开始出现了，孩子开始搭建城堡、基地或商店，演起各种角色；之后，认知成分更复杂的“社会戏剧游戏”登场，孩子开始演起爸爸妈妈或宇宙大战的游戏，这时的游戏不仅有构建的场景、有角色的扮演，更有剧内剧外的协商和剧情的推演。从功能性的游戏到复杂的社会戏剧游戏，游戏的认知层次不断攀升，包括对物体结构、原理的尝试，符号表征能力的复杂化和更多语言沟通大量融入游戏中。有人说孩子会越玩越聪明，真不是随便说说而已哦！

在游戏中的人际互动方面，一开始孩子大概就是旁观。此时父母不要急，不要一下子就催促孩子："怎么不一起玩？"或是就一直教孩子去问别的小孩："我可以跟你玩吗？"旁观其实是重要的过程，表示孩子开始对游戏有兴趣并试着观察别人的玩法，因此要允许孩子旁观，时间也要给得足，等他看够了想加入了，才表示孩子在心理上准备好了。

开始进入游戏行为后，可能会有孩子自己玩自己的，或几个孩子坐在一起各玩各的现象。但只要游戏的时间和材料是足够的，一段时间后，孩子自然会开始交谈、关心起别人在玩什么，并开始出现交换玩具或模仿等互动；等到玩得再成熟一点，有共同目标的合作游戏才会出现。此时，更复杂的游戏行为，包括角色分配、协调沟通、比赛规则讨论等就会出现。**所以，孩子不只是越玩越复杂，还可以在游戏中学习人际相处的眉眉角角。**

给好的游戏资源也给时间

那么，父母要如何支持孩子的游戏呢？首先，尽可能提供游戏资源，很多父母认为搭积木、拼拼图等构建游戏好像跟学习比较有关，就比较支持；假扮游戏好像就是玩一玩过家家，无足轻重。但事实上，**每种游戏都有发展上的功能，父母应该尽量提供合适的玩具或材料，让孩子尝试各种玩法，不要偏重某类游戏。**

给予足够的时间也很重要，不管是在游戏中获得认知成长，或是在人际互动上变得熟练，都需要时间的酝酿。当孩子自由玩耍的时间和机会太少时，很可能一些高层次的能力根本没有机会发展出来。最近针对幼儿游戏的研究已发现，有越来越多的孩子甚至到了五六岁，即使给他机会，他也玩不出合作游戏来，显示孩子玩游戏的时间真的太少太少了，很多能力都被剥夺掉了。

此外，父母要练习在孩子玩的时候忍一忍。不要因为孩子好像不太会玩或没有和人互动，就很心急地想介入，让孩子多尝试一下，多失败几次没有关系，等到孩子主动求助再帮忙都来得及。认知的处理要在孩子的脑袋中完成，父母太早出手，孩子就没有机会在实践中自己获得领悟。

“玩”对孩子的成长来说实在太重要了，父母请放下及早学习的迷思，让孩子多玩玩吧！

第 7 部

观察与管教

- 管教前，先找对原因
- 诊断孩子行为，从观察做起
- 认知教导 + 情感体验，达成有效管教
- 陪伴孩子，父母人在心也要在
- 幼儿需要读经吗?
- 讲了“对不起”之后

chapter 1

管教前，先找对原因

多数的状况下，奖惩可以改变孩子令人头痛的行为，常让爸妈和老师觉得很有效，但如果一下子就出手，问题行为看似解决了，真正问题的症结却很可能没被发现。

4 岁的妮妮最近令妈妈和老师伤透了脑筋，她早上上学时就说她肚子痛，一直闹到妈妈把她送到学校为止。

这种情况已经持续了三个多星期。一开始妈妈以为她真的肚子痛，特地帮妮妮请假，要带她去看医生。但妮妮知道不用上学后，她的肚子痛就不药而愈。几次之后，妈妈发现她其实是装痛。因为妮妮从小班就已经开始上幼儿园，并不是新生，不可能是分离焦虑所引起。

妈妈转而怀疑是不是在学校发生了什么事，导致妮妮借故不想上学，但问孩子又问不出个所以然来，所以妈妈只好去跟老师沟通。幼儿园老师却表示，妮妮在学校并没有什么事情发生。

为此，妈妈和老师有了一点不愉快，妈妈觉得老师一定隐瞒了什么；老师则觉得很无辜，并对家长的质问感到委屈。

僵持了一个多星期后，妈妈每天早上要赶着上班又要应付妮妮的装肚子痛，弄得实在很烦。发脾气无效后，妈妈改用利诱的方式，只要妮妮不哭闹，妈妈就给她集点换奖品；幼儿园老师也加入奖励的行列，只要妮妮乖乖来学校，老师那天就让她当小老师。

在妈妈和老师的合作努力下，妮妮安静了好几天，但不久又开始上演肚子痛的戏码。因为情况一直没改善，妈妈扬言要让孩子转学，让班级老师承受很大的压力，因而求助于我。

我了解状况后，请老师回去观察妮妮在学校有没有什么和往常不同的举动，也请老师询问妈妈，了解妮妮有没有哪几天特别会闹肚子痛。一周后，老师来找我，表示妮妮从小班上学以来一直都适应得很好，最近比较不同的是，有时睡午觉起来会哭，但安抚一下就好了，除此以外没有其他异常；至于妈妈那方的回应则是星期二和星期三早上闹得特别厉害，给奖励也没用。

于是我请老师回去特别留意星期二和星期三，尤其是午睡前后，学校有没有和平常不同的人会出现，或有什么和平常不同的课程或事情发生。

4 天后老师打电话给我，事情水落石出了。老师特别在星期二和星期三的午睡前后留意妮妮的一举一动，结果发现，星期三下午学校有外聘的体能老师来上课，而这位老师对妮妮有些不规矩的举动……

为什么要谈这个案例？这其实已经是近 3 年前发生的一个事件了，但因为《亲子天下》曾经出了一个专题谈如何合宜的奖惩孩子，引起很多家长的回响；我也在最近受邀到一个亲职节目，谈的题目竟也是关于怎么奖惩才有效。

这让我有些忧心，担心父母们学了如何奖惩之后，就开始用奖惩来应付孩子的各种问题行为，却忘了更重要的事：先了解原因！在上面的例子中，还好妈妈和老师携手合作进行的奖惩不是太有效，如果妮妮当时真的很想要妈妈或老师的奖励，因而把自己受欺负的恐惧和委屈压抑了下来，事情恐怕会一直持续下去，没有人发现，而妈妈和老师说不定还觉得自己的管教方式真有效。这会是多严重的后果！

所以，管教孩子不要求速效，即使奖惩看来是多么立即有效，身为父母和老师也一定要先了解原因再出手，不要一下子就把奖惩拿出来用。奖惩会立即改变幼儿的行为，但压下眼前令人头痛行为的同时，很可能真正问题的症结根本没有被处理。

chapter 2

诊断孩子行为，从观察做起

管教要有效，一定要先弄清楚孩子行为背后的原因，避免误诊，然后对症下药，但面对年纪还小的孩子，问不出结果很常见，父母不妨先从观察他们做起。

在上一篇文章中提到，在管教孩子之前，一定要先弄清楚孩子行为的原因，根据原因做适当的处理，不要一下子就把奖惩拿出来用，以免管教无效，甚至造成不必要的遗憾。

但很多父母就问了，孩子还这么小，问也问不出个所以然来，到底要怎么知道孩子行为背后的原因呢？以下提供重要的原则给父母参考。

观察孩子不同领域的发展

首先，先判断孩子令人困扰的行为是“一直以来都这样”，还是“最近才发生的行为”。如果是“一直以来都这样”，原因通常与孩子本身的发展状况有关，这时父母就要从“身体”“语言”“认知”“社会情绪互动”等几个主要的面向去观察。在观察时要留意的是，孩子的发展之间是环环相扣的，所以要每个发展领域的可能性都仔细思考过。

举个例子来说，孩子的人缘不好，小朋友都不喜欢跟他玩。这时，父母不要一下子就认定他是社会互动能力出问题，急着帮孩子安排和其他孩子互动的机会，或拼命教孩子要主动和别的小朋友玩，而是应该每一个领域都观察一下。

在这个例子中，父母可以先从“身体”领域开始观察。有时孩子受排斥原因可能非常简单，例如脸上常挂着鼻涕，这种情况其实只要一张卫生纸就可以解决问题，根本不需要大费周章的教导人际技巧；或者说，如果脸不擦干净，教再多人际互动技巧也毫无用处。

观察过后如果问题不在身体方面，则可以再想想，问题是不是出在“语言”能力上。例如在语音方面，孩子是不是说话时老是口齿不清，让人都听不懂，或是在“语言运用”方面特别弱，常说些不合时宜的话。如果是，则让孩子接受语言治疗或提供案例教导，就可以大幅改善孩子的状况。

思考过语言领域的可能性后，可以再想想，问题是否出在“认知”领域。例如孩子的学习能力较弱，每次分组都不会做，所以小朋友才不想跟他一组，这时可以请老师协助，提供孩子难度较低的作业，或安排“小天使”协助他。

若上述原因都排除了，则可以从“社会情绪”方面去观察，通过绘本故事分享及人际互动机会的提供，改善孩子与人互动的技巧。

找出重复的人事物交集

如果孩子的不当行为是“最近突然出现的”，父母就要特别留意。事出必有因，通常有某些事正在发生，才导致孩子异常的行为。这时，父母要做的事，是在每次孩子出现不当行为时，留意有什么特别的“人物”“事件”“场合”或“时间点”伴随出现，经过几次观察之后，“重复出现”的人事物的交集，通常就是我们要的答案。

举个例子来说，一个孩子最近突然变得很爱攻击人，父母就可以观察一下，每次他打人，是不是有重复出现的人事物。如果父母发现，每次重复的是“人”，例如他每次攻击的都是同一个小朋友，则接下来要处理的就是他和这个小朋友之间的恩怨；如果重复的是“时间点”，例如他每次打的都是不同的人，但每次时间都是在早上刚入园时，则可能是孩子睡眠不足，导致早上情绪不稳，此时父母要做的是调整孩子的作息；观察的结果也可能重复的是“事件”，例如孩子每次攻击的人和时间并不特定，但是每次都发生在有人开他玩笑的时候，父母要处理的就是孩子自尊受损的问题了。

不同的原因需要的处理方式不同，因此，管教要有效，一定要先把原因弄清楚才能对症下药，“误诊”的结果可能使管教毫无效果，甚至让情况更加恶化。所以，**想成为有效能的父母，就先从观察孩子做起吧。**

chapter 3

认知教导+情感体验，达成有效管教

教养孩子不容易，要用心关爱也要勇于管教。管教不只是奖励好行为或处罚坏行为如此而已，还要加上更多要素，才能使管教直达孩子心底。

谈到有效的管教，父母脑海里浮现的可能是：“到底用什么方法可以立即让孩子听我的话，让孩子乖乖去做。”当孩子能够立即顺从，似乎就是管教成功。事实上，管教并非一蹴而就，而是一个长期的、帮助孩子可以信任父母的历程，因为信任，所以孩子对于父母给予的建议，愿意顺服。

小孩之所以愿意听从父母的建议，有两个理由：

一是亲子互动的过程中，建立出对父母的信任感。他知道父母给他的建议确实是经过考虑，而且是他目前经验所不能及。

二是当孩子愿意顺服父母的意见，当中带着理解，他知道父母为什么要他这么做，而且他有责任也应该这么做。

在这两个前提下，有效的管教是一个必须长期努力才能达到的结果。通过一定程度的行为奖惩，也许暂时可以让孩子立即听从，却不见得能够内化成为长期的管教成效。要达成管教的长期效益，除了奖惩以外，父母还要朝两个方向努力：认知上给予规则的教导，情感上给予体验。

只有认知的规则教导，没有情感经验的涉及，孩子道理都懂，但行为上做不到，因为认知和行为之间存在落差。就像父母这一代的公民与道德学了一大堆，即使考了100分，也不代表不会说谎、不会犯罪。所以认知教导和情感体验都要做才算完整的管教。

规则的教导：先让孩子知道什么事不该做

面对孩子的行为，现代父母经常出现2个极端，一是过度自由派，另一种是过度要求派。

过度自由派的家长认为孩子的任何行为都很可爱，即使他乱发脾气，或抢了别人的玩具。这类父母认为，这些行为是孩子发展上的必然现象，理应尊重，让其自主发展。但是，年幼的孩子在生活中需要一定程度的纪律教导及社会化的引导。**过度放任并不代表尊重小孩，而是父母没有在孩子社会化过程中，扮演该有的引导及约束角色。**

而过度要求派的家长则希望，孩子的行为能照他所期望的方式表现，例如要有礼貌、良好的生活自理能力等，甚至容易泛道德化，认为孩子理所当然该具备好品格，所以在行为上有许多的约束。这类家长认为自己的期待很合理，希望自己讲了一番大道理给孩子听之后，孩子就能出现正向的行为。

殊不知“讲道理”本身就是管教上的迷思，尤其是越年幼的孩子，父母希望讲完道理，孩子就能明白为什么要守规矩的道理，进而做到，这是不切实际也不合理的期待，隐含着对幼儿发展过程、对规则的理解、对行为教导上的许多误解。

父母需要厘清一个观念，**在 0 ~ 6 岁孩子成长的过程中，父母扮演照顾者、玩伴，还有另一个很重要的角色是，孩子社会化过程中关键的引导者与教导者。**每个社会对何谓恰当的行为有一定的期待，父母必须帮助孩子在满足自己需求的过程中，又能够符合社会的期待，这是孩子必须通过刻意的学习而来。

年幼的孩子经验不足，出现了成人觉得不该发生的行为时，很多时候是因为小孩根本不知道这是不应该做的事，所以规则的学习很重要。如果没有教导，当孩子出现不当行为就处罚他，则是所谓“不教而杀谓之虐”。孩子不是故意违反规则，而是因为他不知道这件事不能做。 例如小小孩看到别人的东西很喜欢也很想要，就随手拿走了。做这件事时，他心里不会想到“我偷东西”，他想的是“我喜欢，所以我拿走”。如果父母在这时给予非常严厉的斥责，并指责他偷东西是不对的，过度道德化的结果，孩子除了感受到恐惧，仍然搞不清楚自己到底做错什么事情。

但是经过物权概念的规则教导，告诉孩子，别人的东西我们不可以拿，什么东西是自己的，什么东西是别人的，别人的东西要拿之前必须问过人家。如果有经过这样的教导，孩子在认知上大概就能理解物权的概念，下次再有类似的情况，小孩想再拿别人的东西，父母就要提醒他，这是不对的。

在认知层面的规则教导，可以通过童书、机会教育来达成。绘本和图画书是很好的规则教导媒介，现在有很多传达小小品格的童书，在事情还没发生之前，父母可以通过“故事”让孩子知道规则。

生活中也有很多机会教育的时机，例如带孩子去餐厅，有其他小孩大呼小叫，或是去便利商店看到小孩为了买玩具躺在地上撒泼，父母可以趁机告诉孩子：“刚刚那位小朋友的行为，妈妈觉得……因为……”

认知上的教导还需要“带着孩子一起做”。父母希望孩子学刷牙，那就先示范一次给他看，并且一遍又一遍地带着他一起刷。期待孩子收玩具，就一次又一次地带着他一起分类、收纳。不需要一直口头训诫：“刷牙很重要，不然有蛀牙的话，牙齿会烂光光。”幼儿连牙齿都还没有长齐，一口烂牙对他们来说是无法体会的经验。

带着孩子一起做，小孩才能从中习得知识与经验，越小的孩子，行为要被建立，一定需要一遍又一遍地重复练习。下了这些功夫，至少做到了认知上的规则教导，孩子开始对于社会上的规范，就会有一些认识。

情感的涉及：用同理心让孩子分别对错

只有规则的教导，孩子也许知道这件事不该做，但是在行为上不一定能做得到，这是因为动机面的教导还需要同理心的涉入。

例如 A 小孩看见旁边的 B 小孩有饼干,A 很想吃，但 B 就是不请他吃。于是 A 趁着 B 不在的时候偷吃了饼干。在实验时，我们问 A 小孩：“偷吃饼干对不对？”A 知道这是不对的行为。再问 A 小孩：“偷吃饼干是什么感觉？”他会回答：“很快乐。”

A 小孩的思维是：“除非我偷吃饼干的时候有人在场，那么我会被处罚。否则，虽然我明知道这是不对的事，可是我很想吃，我还是拿饼干来吃。而且饼干很好吃，我吃到饼干觉得很快乐。”

A 小孩也许没有“自己的饼干被偷吃”的情感经验，所以他也无法同理 B 小孩的饼干被偷吃了的心情。4 ~ 6 岁间，孩子的道德情绪开始萌芽，对别人的处境会有一些同理心，这个时候家长在管教时，就可以进行情感的涉入。

例如，孩子抢了别人的玩具，还不小心弄坏，对方哭了，父母可以告诉孩子："你把他心爱的玩具拿走了，还弄坏，他很难过，所以哭了。"有了同理心的情感教导，几次之后，孩子在面对诱惑情境时，认知上知道这件事不该做，情感上也会有罪疚感，才有办法真正自我抑制不当的行为出现。

3 岁以前的孩子，在认知上无法理解规则，但情感的经验仍然可以进行。当孩子出现父母认为的不当行为，不论是乱丢东西，或是乱跑、尖叫……最好的方式是"从后方紧紧抱住"幼儿，并在孩子身边轻声而严肃地说："不可以……"同时"带离现场"。

通过身体的感受过程，年幼的孩子会知道，父母是要制止他的行为，同时也可以学会"只要我听从，我就不会被带离游戏的现场"。这比用口头讲的来得有效果。

好行为的增强：给孩子言之有物的赞美

当认知教导及情感体验都运用了之后，孩子出现了好行为，父母要运用一些奖励增强孩子的好行为。0 ~ 6 岁是孩子的行为建立期，行为的增强物有原级增强、次级增强及社会性增强，方式有连续增强及间歇增强。

孩子喜欢什么食物，我们就给他吃什么，孩子立刻得到他要的增强，这是原级增强。给他钱或星星贴纸则是次级增强物，但接下来必须要使用社会性增强，我认为赞美是最佳的行为增强物。

给糖果等物质性的奖励，对孩子来说，是一时的感官满足，但好行为获得父母的称赞，孩子会有骄傲的感觉，是一种长期的自尊感。赞美他是个好孩子，这个标签是贴在他这个人身上，代表他是一个很好的人，可以培养孩子以自己为荣的荣誉感。

不过，**赞美必须言之有物，不是随意的乱赞美，空泛地赞美“你好棒”，时间久了，孩子容易自我感觉良好。**言之有物的赞美是“实时”“具体”。例如孩子画了一幅画，父母称赞他画得很棒，这是不具意义的赞美。有意义的赞美是告诉他，颜色用得很漂亮，或是线条构图很有创意；或是也可以赞美孩子在画画的过程中很专注，强调他的学习态度值得称许。

通过连续增强建立起行为后，爸妈可以再运用间歇增强，让孩子的行为得以维持，直到成为孩子内在能力的一部分。不少家长期待，把孩子送到幼儿园就可以学会规矩，事实上，管教的权利拉回家庭，教出自律小孩的效果最好。一方面是老师不一定采取最适合你家孩子的教导方法，二来是因为老师在孩子心中仍是权威的代表，团体中又有同伴压力，孩子因为害怕权威而在当下服从。但父母必须思考的是，如果管教必须依赖老师在场，那孩子离开学校之后的生活，父母该怎么办?

如果管教是自己下功夫经营得来的，孩子和父母的关系就是非常正面而且亲近，同时愿意顺服父母。因为通过一次次的学习经验，孩子会知道父母是在帮助他，不是找他麻烦，同时明白，父母的要求显然有道理。

管教三部曲，行为教导、认知说理再加上情感的体验，爸爸妈妈用心体会用心做，下功夫用心教导过的孩子，整个人的质量就是不一样。当孩子从心中愿意顺服父母的教导时，这样的管教就真的成功了!

chapter 4

陪伴孩子，父母人在心也要在

有了宝宝，父母们都很想跟宝宝建立“亲密关系”，但亲密关系不是有陪伴就会自然达成，也不是一厢情愿地付出就会有回报；而是要通过父母“人在心也在”的温暖关怀和敏锐响应，才能渐渐发展出来的。

情绪互动是双向的关系

婴儿与照顾者情绪互动开始得很早，刚出生的婴儿已会展露出愉快或不舒服的表情，但一开始的分化还不是很明确，父母还需要借由婴儿吃饱了吗、睡得如何等反应，来了解婴儿表达出来的情绪信息是什么意思。但随着互动经验的增加，很快父母会发现，婴儿微笑、哭泣及对事物展现出兴趣的反应会越来越明确，同时，不只是父母在响应宝宝的情绪反应，婴儿也会主动响应父母的情绪。

大约 3 个月左右，婴儿已是情绪沟通的主动参与者，在一项名为“静止表情派典”的研究中，父母被要求先与婴儿互动一阵子，然后突然静止表情，以完全没有反应的脸看着婴儿，然后看婴儿会有什么响应。大多数的婴儿面对父母突然中止的情绪沟通先是愣了一下，然后就开始展开各种努力试图引起父母的响应，例如做出不同的表情、发出各种声音甚至尝试身体动作，当婴儿发现不管怎么努力父母都不回应时，婴儿会转开头、回避视线或开始哭泣。显然，**情绪无法继续沟通对婴儿而言是很大的挫折，即使是才 3 个月大的婴儿都希望在互动时得到父母情绪的响应。**

接下来的几个月，父母会发现婴儿的表情、凝视、声音和姿态越来越与环境或当时事件的意义有关，主动向父母表达情绪的状况也越来越多。随着互动经验更多，照顾者的情绪信息对婴儿会变得更加重要，**大约 8 ~ 10 个月之间，婴儿会发展出"社会参照"的能力**。例如婴儿看到一个新玩具，他不会直接就去探索，而会回头去看妈妈的表情，如果妈妈这时露出鼓励的笑容，婴儿就会试着去摸摸看，但如果他回头看到妈妈露出的是担忧或害怕的表情，婴儿就会退缩，不敢去尝试新玩具。这是很了不起的能力，婴儿虽然对这世界上的东西了解还很少，但他已经懂得借由照顾者展现的情绪信号来判断陌生事物的意义，知道这个东西是可以去探索的，还是应该远离的。

这种敏锐的、和照顾者之间一来一回的情绪互动，以及懂得借由照顾者情绪信号来了解事物的能力，让婴儿更有能力探索环境及与人互动，对认知成长和社会行为的发展非常重要。但这种能力不是凭空出现的，而是婴儿和照顾者之间借由互动慢慢培养出来的信任和默契。

敏锐响应造就真正的亲密感

婴儿情绪能力的发展当中，有一个很关键的因素就是"照顾者的敏锐度"。意思是，照顾者可以根据婴儿的需要和反应，有区别性地响应他。

例如宝宝因肚子饿而哭泣时，可以很快得到哺喂；宝宝焦躁害怕时，可以立刻得到安抚；这种依照婴儿需求而给予正确的响应，有助于婴儿更明确地表现出自己在各种情况下的需要，父母也会慢慢发现，宝宝变得更容易理解，也越来越好带，宝宝也会更有安全感、更信任父母，因而对父母的情绪信号更有反应，在这种互动关系中，亲子之间的亲密感就会越来越深厚。

相对的，不敏锐的父母经常弄不清楚宝宝的需求而给错响应，或是照着父母自己的意思，任意对待婴儿。例如，下班了想跟宝宝玩，不管宝宝的状况如何，就一直抱、一直逗弄，等到宝宝真的需要安抚或响应时，又听信老一辈的建议不理他，以为这样孩子才不会被宠坏。不敏锐的响应导致婴儿弄不清楚自己要怎么表现才能得到所需的响应，也造成婴儿不信任父母，或不知父母的状况到底是什么意思，这种情绪的混乱将使婴儿的情绪能力没有办法好好的发展出来，不仅阻碍婴儿对自己情绪的组织能力，影响婴儿对外界事物的了解，也让父母觉得宝宝总是在哭闹或很难应付。

所以，**父母如果想和宝宝建立充满温暖和正面的互动关系，就要练习去观察宝宝的反应，合宜地去响应宝宝。**举例来说，近年婴儿按摩的好处开始受到重视，很多新手父母就去学了婴儿按摩的手法，兴致勃勃地要帮宝宝按摩，希望借由亲密抚触来促进宝宝的发展和亲子关系。但实际操作后，有些父母可能会发现，状况一点都不像想象中美好，宝宝在按摩时配合度很差，甚至哭泣或抗拒。如果有机会去观察那些按摩成功和按摩失败的父母，可以发现，婴儿按摩进行顺利的父母，会看宝宝在按摩过程中的反应，调整按摩的强度、改变部位、增加或减少时间，但按摩失败的父母则是不顾一切地努力把整套手法完成。结果，父母越能配合宝宝，宝宝就越能配合父母，亲子关系亲密其乐融融；而越是不顾宝宝反应的父母，就造就出越是难搞不领情的宝宝，挫折连连的互动关系，也大大折损了亲子间的亲密感。

安全依附的建立

那么，要与宝宝建立美好的亲密关系，父母需要留意哪些事呢?

首先是**和宝宝相处的时间要足够**。现在很多父母很忙，把宝宝交给保姆或托婴中心带，造成宝宝没有机会和父母建立亲密的联结。相处时间不够不仅意味着宝宝看到父母的时间较少，也没有办法熟悉父母的声音、气味和感觉，另一个隐忧是，父母和宝宝没有机会好好的在互动中了解彼此。依附不明的宝宝可能比较不快乐、哭泣的时间较长、较难安抚或有睡眠的问题，如果保姆或婴幼儿早教中心也没有办法在情绪上充分满足宝宝的需求，则这样宝宝长大后可能变得较难相处，或是另一个极端，对不熟悉的成人或同侪“过度友善”，并显示出一些人际关系上的困难与较差的适应力。

其次，**和宝宝相处时要温暖、快乐、有弹性，而且敏锐度要够。**所以父母要多拥抱、抚触婴儿，经常与婴儿说话、微笑、来回互动，根据婴儿的需要给予响应。必须提醒的是，这并不是要父母整天把宝宝抱在身上、拼命帮宝宝做婴儿按摩，或紧张兮兮地响应宝宝的所有一举一动。研究发现，父母放松、愉悦而灵活的育儿方式对安全依附最有预测力，而紧密不放松的育儿方式则可能造成过度刺激，例如一直盯着宝宝不放、给宝宝过量的语言、逗弄，或把自己紧张的情绪感染给宝宝，这样反而会造成逃避式的依附。

当然，婴儿对情绪的反应还可能与婴儿本身的气质有关，有些婴儿比较不怕生也比较敢探索，有些婴儿比较害羞或退缩；有的婴儿很容易安抚或转移注意力，也有的婴儿只要有一点风吹草动就哭闹不止。因为宝宝气质不同，因此，有些婴儿的确会比其他婴儿难带一些，但几十年来关于婴儿气质的研究结论是，若父母能始终温和及正面的响应婴儿，婴儿难养的气质还是可以被校正的。

最后，**父母本身是否在成长过程中与自己的父母有良好的依附关系，也会影响父母的情感模式。**小时候没有被好好疼、好好对待的父母，常常在为人父母后，拿捏不出所谓合宜的爱孩子或回应孩子是怎么一回事。研究也的确发现，自己在情感上不安全依附的父母常养出不安全依附的宝宝。但这种状况不是要父母去怪罪自己的父母亲，而是认知到，我们看待自己童年的方式，远比我们当时如何被对待，更能帮助我们重新调整情感模式。当父母认知到这一点，就要**把养育孩子当成自己重新学习与重新修复人生的机会，时时提醒自己要正面、温暖、有响应地对待孩子，如此不仅宝宝可以得到很好的成长，父母本身也可能得到焕然一新的人生。**

0~12 月宝宝情绪发展里程碑

0 ~ 6 个月	• 出现社会性笑容。 • 与熟悉的人互动时，显得特别开心。 • 能更有区别性的表达情绪。 • 与照顾者面对面互动时，能察觉照顾者的情绪。
7 ~ 12 个月	• 依附主要照顾者，例如强烈的只要妈妈。 • 能通过接近或远离刺激来调节情绪。 • 社会参照能力出现，能觉察他人情绪信号的意义。

chapter 5

幼儿需要读经吗?

大脑研究告诉我们，寻求意义是人的本能，因此，就我的看法，在脑袋里塞入大量对当事人没有意义的东西，是浪费孩子的时光，也剥夺了他学习其他东西的机会。

儿子小时候，有一天回来跟我说:“妈妈，古代的动物好奇怪！”我问为什么，他说:“古代的动物都不会叫，羊也不叫，狗也不叫！好奇怪哦！”我一开始还摸不着头脑，一问之下，才知道原来是:“‘养’（羊）不教，父之过，‘苟’（狗）不教，性乃迁！

原来孩子的老师去上了读经教育的课，回来之后大力推读经，要求孩子天天读《三字经》《弟子规》，孩子不懂意思又要硬读，才有这种状况。说来有些好笑，但对孩子来说，在不懂意义情况下读经，只是反复念诵无意义的音节，天天要读，读完还要背，未免荒唐。去跟老师沟通，老师却认为她这是在教孩子品德，用的是中国数千年的智慧经典。而且，现在不懂没关系，只要背起来，将来自然就懂了。

听到“现在不懂没关系，只要背起来，将来自然就懂了”这种言论从一位受过完整教育的老师口中说出来，不禁当场傻眼。当时很想反问，如果孩子只需背诵，不需理解，那全世界的老师都可以退休了，只要放录音带让孩子跟着念就好了。而且既然有“将来自然就懂了”这种神奇的好事，那么我们根本不要考虑给孩子学习的知识是否配合他年龄或理解能力，最好从幼儿期起，拼命让他“背”知识，不用教、不用理解、不用懂，各种伟大艰深的知识都趁早让他背起来，背越多越好，反正将来就懂了。

但老师振振有词说了很多很多，我就不再说话了，因为完全没有讨论的空间，而且这事还有个“品德”的大帽子扣在上面，不容挑战与侵犯。只好回家把儿子发生的“古代的动物很奇怪”的事当成笑话，说来自娱娱人。后记是，等到孩子一年后换了老师，在很短的时间内，所有背的东西，全都忘光了！

事隔几年，我在大学教儿童发展与教育相关的科目，接触到许多幼儿园。没想到，读经教育的势力越来越大甚至向下延伸，有很多幼儿园开始让幼儿背经书，理由一样是背经典可以学品德。我实在太好奇了，问幼儿园的负责人，真的相信把书背起来就可以学品德吗？孩子的品格是这样教的哦？得到的答案是，就像让幼儿学美语一样，这是家长的要求，是流行趋势，有教才有商机。

负责人分享说，很多家长坚持幼儿一定要学外语，理由是孩子未来的“国际化”很重要，跟他说孩子会讲几个英文单词，跟国际化一点扯不上边，而且，年幼的孩子需要的是真实的生活，未来的国际化没那么急，但说再多其实一点用都没有，幼儿园要生存，就一定得教外语；一样的状况，正如学美语就是国际化，现在的趋势是，读经就是教品德，如果让幼儿背一些经书，家长就很开心，觉得我的孩子很棒，可以背出这么多有学问的经典，又可以培养品德，既然家长期待，当然就要让孩子多背一点。

大脑研究告诉我们，寻求意义是人的本能。因此，就我的看法，在脑袋里塞入大量对当事人没有意义的东西，是浪费孩子的时光，也剥夺了他学习其他东西的机会。但我上网查了读经教育的资料后，发现势力之大，支持者之多，完全让我跌破眼镜。我真的很惊讶，中国几千年来无数士子摇头晃脑背读经书的教育方式又光荣复辟了吗？那我们几十年来在教育上的努力，让孩子学的知识更贴近生活的需要、让学习的方式更活泼多元、更多心智涉入，让孩子理解、探索、当学习的主角……这些努力都是在做什么呢？品格教育要有充足的思辨、要同理涉入，要将心比心，这些研究上重要的发现，又要置于何地呢？

后来我实在太好奇了，就去幼儿园观察，看看执行读经教育的幼儿园和方案教学（如带领孩子深入探索主题以及引导孩子讨论）的幼儿园，孩子们在语言能力和人际问题解决能力上有什么不同。初步看到的是，读经的幼儿园孩子较早识字，行为上较顺从有礼，遇到人际问题会依老师教的规矩而行；方案幼儿园的孩子口语沟通、表达、讨论的能力较佳，遇到人际问题，不太采取礼貌的策略，而是试图进行双方的协商讨论，共同找出解决之道，社会互动的层次较复杂。

这样的比较可能有很多漏洞，但我的发现是，会去采用或支持读经教育的老师，和支持开放探究教育的老师，本质和信念上就有很大的不同，因此反映出来的教学态度和教育方式差别就很大，前者强调背诵和规矩，后者重视启发和引导。而很显然的，我欣赏且支持后者。

写这篇文章时，我有点担心，把我观察到的现象说出来，会不会得罪读经教育的广大支持者，但是，想到有很多年幼的孩子正在受影响，又觉得应该要表达一下意见。所以呢，以上纯属我个人的观察和经历，但如果可以的话，希望能和家长分享。

chapter 6

讲了“对不起”之后……

教养孩子要认知、情感、行为三管齐下。管教绝不是讲理就好，还要有情感的体验和让孩子负起责任的行动。做错事只说“对不起”就可以算了吗?

最近我的学生到学校去当实习老师，回来很感慨地分享，觉得现在的孩子很难教。她分享的一个例子是，有个学生做错事时，很快说了“对不起”，但当她要求那位学生收拾善后时，那位学生居然很不高兴地回说：“我都已经说对不起了，你还要我怎样？”让她非常错愕。

这让我想起了半年前的一个经验，那天约莫是假日，我和家人到餐厅吃火锅，隔壁桌的孩子吵闹不休，不一会儿，两个孩子还下桌互相推打，推着推着可能一时失手，把我们这桌的火锅菜盘给推到地上去了，还好是塑料盘子，没摔破，但菜掉了一地。孩子的父母看到了，立刻大声训斥孩子，要求孩子道歉，两个孩子说了“对不起”，然后他们就回座位去了。我开始跟儿子一起蹲下来捡菜，边捡抬头看到那两个孩子正在看我们，我问他们：“你们要不要来帮忙？”两个孩子愣了一下，较大的孩子回答“可是，我们已经说过对不起了”，较小的孩子则转过头去看妈妈，他妈妈看了我们一眼，说：“真的很不好意思哦！”然后叫两个孩子坐好，开始严正地对孩子讲道理，包括不应该乱跑、要尊重别人、不应该影响到别人、做错事要说对不起……

对自己的行为负责

就这样，一直到我和儿子把地上的菜叶捡好，并有服务生过来清理为止，隔壁桌就一边看着我们收拾，一边训斥孩子，但没有一个人过来帮忙。

我在想，我的实习学生遇到的那位“我已经说对不起了，你还要怎样”的孩子，当他更小的时候，接受的教养方式大概就是这种“说对不起加说理”的管教方式，而这种管教方式显然是有问题的。

近几年，随着少子化和父母教育程度升高，我观察到一个现象，父母们越来越不用打骂的方式教孩子，而倾向于用“讲道理”的方式处理孩子的犯错行为。标准的模式是，当孩子做错事要求孩子要说“对不起”，然后很仔细地告诉孩子他错在哪里，为什么这样做不对，当孩子道了歉，也表示理解及同意父母的说理时，这个管教就结束了。但是，整个过程中，少了一个非常重要的要素：“对自己的行为负责任”！

年幼的孩子因为经验不足，原本就很容易犯错，重要的是，当他做错事的时候父母如何响应他，将影响下一次他犯错时的反应。如果父母在孩子做错事时用打骂的方式响应，则孩子整个感受的焦点将是自己的恐惧，而很难去对事件本身进行反省；但是，如果孩子做错事时父母就是要求他道歉并不断地讲道理，孩子学到的是，做错事我只要说“对不起”加上再被叨念一番，其实就没我的事了。这 2 种管教方式谁也不比谁高明，因为同样都没有达到管教的目的。

孩子做错事，父母管教重点应该是让孩子体认到他做的事造成什么后果，以及，更重要的是，他必须为这件事的后果负起责任。例如，孩子因为边吃边玩而打翻了碗盘，父母不必大发雷霆，但要让孩子负责把打翻的东西收拾干净：教他收，盯着他收，没收完，不可以去做其他任何的事，坚持到底直到他清理完毕为止。下次他就会知道，吃东西要好好吃，否则要收很久。

又如，孩子把别人的玩具弄坏了，父母不必生气打骂，但要让他补偿对方，用自己心爱的玩具去赔，下次他就会知道，玩别人的玩具要小心爱惜，否则会换来让自己心痛的代价。如果是不可补偿的状况，例如孩子把别的小朋友弄伤了，则带着他去看别人流血的伤口，让他看受伤的小朋友接受治疗的过程，让他看见自己是如何造成了别人的痛苦，如果受伤的小朋友需要协助，尽量让孩子动手帮忙。

在这之后，父母可以说一些道理，但不是训斥，只要真心恳切地让孩子知道，他这样做，让父母觉得很难过，以及，以后要怎么做会更好一些。

不必打骂，不必过度说理，重点是要让孩子有真实的体验，真真切切地体验到为什么我不要再做这样的事，因为我要付出代价，因为我造成了伤害，因为做错事，从来都不是说“对不起”就可以了事。

我们常说，教养孩子要认知、情感、行为三管齐下，因此，管教绝不是讲理就好，还要有情感的体验和让孩子负起责任的行动。**说“对不起”就算了吗？亲爱的孩子，可没这回事哦！**

第8部

疑难杂症篇

- 看待孩子的眼光
- 吃饭让皇帝也头大
- 晚上不睡觉，全家猫熊眼
- 没完没了的吵架和告状
- 黏人孩子的分离焦虑
- 瞎掰？说谎？真真假假分不清
- 动不动就生气、唱反调

chapter 1

看待孩子的眼光

请爸爸妈妈想一想，平常是怎么看待孩子的呢？是由下往上看，把孩子看成是一个成长中的个体，孩子正在进步，正要学习，孩子的成长充满无限可能？还是由上往下看，把孩子看成待改进的个体，他怎么这个做不好，怎么那个还不会，孩子的教养处处都是问题？

在这本书的最后一部分，我们来谈谈孩子最常出现的令父母头痛的状况，包括了偏食、不睡觉、爱告状、乱生气、黏人、唱反调等，并分析可能的应对策略，借以回答父母最常见的“怎么办”的问题。

但在正式进入这个篇章之前，我想和爸爸妈妈们谈一谈“看待孩子的眼光”。请爸爸妈妈想一想，平常是怎么看待孩子的呢？是由下往上看，把孩子看成是一个成长中的个体，孩子正在进步，正要学习，孩子的成长充满无限可能？还是由上往下看，把孩子看成待改进的个体，他怎么这个做不好，怎么那个还不会，孩子的教养处处都是问题？

前一种父母思考的是如何帮助孩子成长，后一种父母烦恼的是如何去除孩子的缺失；前者的着眼点是“人”，后者的着眼点是“问题”；前者做的是“教育”的工作，后者做的是“收拾善后”的工作。

以前者的观点看孩子，会看到孩子内在有种动力，促使他一直在成长，父母的角色是在孩子成长的过程中提供必要的帮助，因此教养孩子是引导、协助、支持、启发的过程，孩子现在的状况都是“未完成式”，所以遇到状况时，父母会去想，嗯……怎么教才比较有效，才能让孩子往比较理想的方向去发展，而且会有种想知道接下来会怎么的期待感；但如果以后者的观点看孩子，则父母会在心中设想某种孩子应该有的“完成式”的理想状况，然后看着眼前的孩子总是达不到理想状况，有时会觉得孩子很烦，虽然很爱他，但问题真的是一大堆，套句信息界的术语，教养孩子时有种“bug 怎么修都修不完”的吃力和感叹！

爸爸妈妈如果警觉到自己在教养孩子的过程中，一直感到担心焦虑，经常在问“怎么办”的问题，很可能就是落入了后者的思维。

我始终相信，父母应该是教育者，而不要沦落到变成收拾善后的角色。所以，父母要花一点心思了解孩子的发展和学习，提供孩子成长必要的环境，让孩子的发展需求得到一定程度的支持，如此，孩子就自然会长得好好的，不用太去担心，很多“怎么办？”的问题出现概率也会大幅降低；如果没有把基本的教养功夫做好，那要处理的问题就多了，解决了一个，一定还有下一个！

所以，在处理孩子的问题之前，爸爸妈妈要先想想，是不是已经把基本的照顾做好了？这本书前面的篇章，谈的就是支持孩子发展所需的基本照顾，包括在身体方面给予健康的饮食、规律的作息以及足够的身体活动；在认知方面提供丰富的玩耍、探索和学习；在语言方面提供充足的言谈、经常的阅读；再加上在社会情绪方面给予足够的关爱和人际互动。全部加起来，刚好就是儿童发展的各个层面！如果发现有疏忽之处，只要父母愿意做一点调整或改变，很多时候，孩子的各种疑难杂症就会因此“不药而愈”。

如果这些事都做到了，孩子还是有状况，那我们就再来看看“怎么办”。但不用太担心，只要基本照顾都做好了，孩子的状况大多只是暂时的现象，爸爸妈妈只要调整一下应对的方式，状况一定会改善的！要有信心，要怀抱希望！

chapter 2

吃饭让皇帝也头大

挑食、边吃边玩、一顿饭吃超久，每天都要吃饭，如果孩子不好好吃饭，每天三餐像打仗，谁胜谁败都不好过，还真是令人头痛！

孩子不好好吃饭的状况最常见的有以下几种，我们一个一个来看看该怎么办。

1. 吃不下

有些孩子好像都不太会饿，东西只吃一点点，或一顿饭吃到天荒地老都吃不完，父母担心孩子营养不够，只好又哄又骗地跟在后面哀求孩子吃。遇到这种情况，爸爸妈妈可以先做几天纪录，看看孩子每天吃东西的“时间”“内容”和“量”。记录之后检查一下，在“时间”方面，是不是吃东西的时间太频繁了，因为担心他吃不够，所以餐跟餐之间又给了点心或其他食物？在“内容”方面，是不是给太多高糖分、油炸或高热量的食物？在“量”的方面，留意一下孩子大约吃多少的量就觉得饱，**有时饱不饱只是父母或爷爷奶奶、姥姥姥爷自己的感觉，觉得孩子一定要吃到什么程度才算饱，这未必是孩子的感受。**

另外，白天的活动量太少也是吃不下常见的原因之一，确认孩子每天都有足够的身体活动量，孩子动得够，食物健康均衡，餐与餐间隔时间足够，吃不下的状况通常就会改善。

2. 不专心吃

另外常见的状况是孩子边吃边玩，这大概都和习惯的养成有关。例如，太晚放手让孩子自己吃饭，吃饭涉及很多身体技能，孩子学握汤匙、扶碗、把食物送进嘴巴等等，都需要专注和手眼协调，自己吃之后，孩子还可以根据自己咀嚼的速度来进食，但如果孩子明明已经有能力自己吃了，但父母或祖父母还一直在喂孩子吃，不只孩子的能力发展受影响，他吃东西的时候自己该做的事有别人代劳，当然就会想找别的事情来做。另外，**父母和孩子都一样，吃饭就吃饭，不要边吃边看电视或边吃边看手机，排除无关的干扰，专心享受食物，也是重要饮食习惯的养成。**

3. 不会吃

这是比较严重的状况，除了握汤匙等一般性的手眼协调，有时孩子吃不下或不好好吃，其实是因为咀嚼肌肉的力量太低或舌头动作协调不佳。

最常出现在发展迟缓的孩子身上，有时则是因为父母太晚给孩子吃副食品，到 1 岁左右了还以奶水为主食，导致孩子没有机会好好训练口腔肌肉。如果是这种情况，可以给孩子一些需要较费力咀嚼但较有味道或有甜味的食物，让孩子多锻炼相关的口腔肌肉，也可以把较难咀嚼的食物稍微剪碎，混在平常的食物中让孩子吃。舌头的部分则可以和孩子玩小狗舔嘴巴的游戏，引导孩子上下左右内外伸展及收缩舌头。

4. 挑着吃

挑食的问题可能是心理因素，也可能是生理因素。常见的心理因素是孩子面对新食物不敢尝试，所以父母提供孩子没有吃过的东西时，可以介绍一下新食物，吃给孩子看，也许必要的时候还可以像美食节目一样夸张地表演一下有多好吃，让尝试新食物变成好玩的事；另外也可以把孩子较不喜欢的食物混在他喜欢的食物中，或是通过一点游戏的方式，例如让孩子动手做、装饰食物或摆盘，自己做的东西通常会变成好吃许多。生理方面的因素就比较棘手，孩子有可能是因为味觉或触觉敏感，因此对特定的食物感到格外排斥，如果是这种情形，父母就不一定要勉强孩子非吃不可，只要孩子营养足够，没有人规定一定要所有的食物都吃才叫作不偏食，大人自己也会有不敢吃或不爱吃的东西，没有必要为了勉强孩子硬吃不喜欢的食物而弄坏了吃饭的气氛。但味觉或触觉敏感的现象可以通过渐进式的接触来改善，所以，父母可以鼓励孩子，不爱吃的东西还是吃一点，很少很少的一点就好，如果孩子吃了就赞美鼓励他，再慢慢增加分量。

chapter 3

晚上不睡觉，全家熊猫眼

孩子晚上不睡觉，不只上班族父母吃不消，全职妈妈也受不了，到底该怎么办呢？我们一起来看看较常见的 3 种情形可以如何解决？

1. 身体和脑袋不够累

孩子睡觉前活力旺盛，一下要讲故事，一下要玩玩具，最主要的原因通常是白天的活动量不足，身体和脑袋不够累所致。建议爸爸妈妈不要再付出无止境的努力，在睡前硬撑着疲累的身体，伺候孩子层出不穷的各种要求，反而可以检视一下孩子白天的作息是否有足够的“身体活动”和“心智投入活动”。

在“身体活动”方面，2 ~ 6 岁的孩子每天至少要有 30 分钟到 1 小时能够活动到出汗的肌肉活动，如果原本在气质上就是活动量较高的孩子，则时间还要再更长一点，足够的身体活动不仅可以维持孩子的健康，更有助夜间的睡眠。

在“心智投入活动”上，则要看看孩子是否有足够的主动阅读、探索、思考讨论、自主操作等动脑筋的时间，有些保姆或幼儿园在白天提供给孩子很多静态活动，例如被动抄写、仿做、粘贴等无聊的书本作业，孩子没有机会主动用脑袋思考，或是午睡让孩子睡太久，如此，到了晚上，终于出现愿意陪伴的爸爸妈妈时，孩子的学习需求一下子全倒出来，父母当然吃不消啰！所以，**为孩子慎选好的托育环境真的很重要，不只影响孩子白天的学习，还影响孩子晚上的睡眠。**

2. 习惯作息没有建立

睡觉的时间和方式通常是“习惯”所致，而要建立良好的睡觉习惯，最好的方法是“规律的作息”和“良好的睡前氛围”。在建立作息方面，孩子每天做的事最好有一定的规律，几点起床，几点上学，几点吃晚饭、洗澡，然后几点准备上床睡觉。建议父母要花一点心力去帮助孩子建立作息规律，让孩子的生理时钟可以建立起来，到了晚上睡觉时间到了，他自然就会想睡觉。

在睡前氛围方面，**睡前不要让孩子从事太兴奋的活动，说个晚安故事会是个好主意。**睡觉时间到了，父母可以把房间的灯关暗，只留一盏阅读灯就好，说完故事就只留夜灯，要求孩子躺好闭上眼睛，之后父母可以陪孩子躺一下，聊聊刚刚故事的情节或当天发生的事情，但眼睛都要闭着，直到孩子睡着再离开。

3. 怕黑怕鬼不敢睡

有时孩子是因为怕黑不敢睡，或是因为听到了什么故事或看到一些可怕的影片画面，心中有所恐惧，这种情况就暂时不适合放孩子独睡，让孩子在恐惧中独自面对黑暗是件残忍的事。父母要理解孩子心中的恐惧是非常真实的，有很多孩子甚至到了很大都还没有走出对黑暗和鬼怪的恐惧。面对这种状况，跟孩子说“要勇敢一点”或“没什么好怕的”，并不能解除孩子心中的恐惧，父母可以先跟孩子聊一聊，了解是不是有什么事吓到他了，如果发现孩子真的被什么事困扰着，父母要表达接纳，同意那真的很令人害怕，然后可以跟孩子分享自己小时候也会害怕的事，并和孩子说说自己是怎么变不怕的，先让卡在孩子心中的结可以解开或减轻。如果孩子是因为听了鬼故事或看了一些恐怖的影片，则**父母可以用一些有趣的事物转移孩子的注意力，或是用天使和精灵等故事转化孩子对鬼怪的印象**，一步一步逐渐淡化孩子对这些恐怖经验的记忆。若是有宗教信仰的父母，带孩子祷告也是个好主意。

之后如果孩子仍害怕不敢睡，父母并不需要让已经可以独睡的孩子睡到父母房间，因为这样大概就很难再训练他回去睡了。建议父母可以买一个孩子喜爱的大布偶让孩子抱着，开一盏小灯，睡前陪孩子说个温馨可爱的睡前故事，并陪孩子躺一阵子，让孩子闭上眼睛但握着孩子的手，等孩子睡熟了再离开，孩子有了安全感，心结也解了，通常一段时间之后状况就会改善。

chapter 4

没完没了的吵架和告状

孩子生少了，怕他没有伴，父母得一直陪，但再添个弟弟、妹妹的结果，却常是嫉妒、争宠和之后没完没了的吵架和告状。

爸爸妈妈同一国

老大是家中的第一个孩子，集众人宠爱于一身，一旦弟弟妹妹出生，更小、更可爱、更需要照顾，因此，不管父母再怎么做足功课，包括在宝宝出生时送礼物给老大，恭喜他当哥哥姐姐了，或是让老大协助照顾弟弟妹妹，帮忙拿尿布、喂奶，尽可能让他对弟弟妹妹的到来有正面的观感，但实际上，老大还是会清楚感受到他所得到的注意和关心受到了影响。

这样的感受是很真实的，因此，要求孩子不产生嫉妒或难过的心情，是不切实际也不合理的期待，**父母更不要觉得老大的心胸不宽大或不乖，反而要站在谅解孩子的立场，尽量多给予关爱和支持。**当妈妈必须带宝宝时，爸爸可以陪大孩子玩，或是爸爸帮忙带宝宝，让妈妈每天至少都有一段时间可以和大孩子单独相处，这样可以把冲击降低许多。

等到小的孩子大一点，孩子可以一起玩了，通常手足之间的纷争难以避免，这时候，父母的处理方式就很关键。

首先，绝对不要有“爸爸比较疼谁……妈妈比较疼谁……”的情况出现，在一个家庭里，一定要让孩子清楚知道，爸爸妈妈才是同一国！爸爸最爱的是妈妈，妈妈最爱的是爸爸，轮不到你们单独争宠，你们相亲相爱一起玩也好，吵闹打架互不相让也好，反正爸爸妈妈对你们就是一视同仁。这样做，父母的立场才能在一开始就站稳了，可以避免孩子在情感上产生父母偏心或得不到足够关爱的愤恨感，也让父母可以单纯地针对手足间的纷争事件进行处理，不用小心翼翼地担心孩子的情感受到伤害。

先观察后介入

其次，对于孩子之间的争执，如果是会造成受伤或危险的状况，一定要立刻制止；如果是吵架或告状，父母就要看情况处理。当孩子吵架时，父母不一定要立刻介入，可以先观察一下孩子后续的反应，有时孩子吵一吵就又一起玩，此时父母就不用介入；如果吵得不可开交，可以叫过来问，让双方都说说发生了什么事，很重要的是，父母在听孩子讲的时候，不要急着责骂或给建议，也不要把孩子教训一顿，甚至把孩子打一顿，或是要孩子互说“对不起”就了事结束，这样其实完全没有处理到事情。

父母介入孩子纷争的目的应该是“帮助孩子学习如何解决冲突”，而不是“帮他们解决冲突”！所以，听孩子说事件的经过时，父母只需要简单帮他整理一下事件的脉络，然后支持孩子的情绪就够了，例如“刚刚弟弟抢了你的玩具，你很生气哦！”“哥哥都不给你玩，你很难过是不是？”然后，接下来要做的事是“把问题还给孩子”，问问孩子：“那你觉得要怎么办呢？”让孩子去想解决之道，如果孩子想出办法，例如“那哥哥玩5分钟后要换我”，或“今天我玩，明天再换弟弟”，只要孩子说得出来，就问另一个孩子：“你觉得好不好？”并鼓励他们做做看。如果孩子僵在那边不肯相让，则父母只要说：“啊！那就没办法了，好可惜，你们就不能玩了。”然后把玩具收起来。

父母不用担心，孩子如果想玩，过一阵子，他们就又会玩在一起了，而且，他们会发现，有争执的时候最好自己想办法协商解决，否则下场就是自己也没得玩。

处理孩子的告状也是一样，孩子告状无非是希望对方受到惩罚，除非是一人把另一人打伤这种严重的状况父母必须立刻处理以外，一般性的告状，例如“妈妈，弟弟洗手没有擦”或“爸爸，姐姐没有把杯子放回去”之类鸡婆型告状，父母大可以冷处理，只要说“我知道了”就好了；如果是孩子之间的小冲突，例如“妹妹拿我东西”或“哥哥说我很丑”之类的，则跟孩子说“请你自己跟他说，把东西还给你”或是“你自己跟哥哥说，他这样说你很难过”，如果孩子自己去讲了，赞美他，如果孩子自己不去讲，就不再理会。

手足相处是学好人际沟通的基础

手足之间的相处是孩子学习人际协商最好的机会，父母要懂得忍耐和放手。现在很多孩子上了小学还动不动就跟老师告状，动不动就和同学处不来，明显缺乏人际技能，如果希望孩子以后有很好的能力与同学相处，能够解决人际冲突，也不会被欺负，父母就要在孩子小的时候提供他学习的机会，因此父母在手足互动中的引导非常重要。

最后，当然我们还是希望手足好好相处，所以父母必要时也可以制造机会让孩子互相表白心意，例如让孩子玩比赛说对方的优点的游戏，说最多的获胜；或是经常交付孩子可以一起共同完成的家事小任务，让孩子有合作的机会，并在完成后告诉孩子因为他们很棒都没有吵架，爸妈有奖赏。日常生活中更别忘了经常鼓励并赞美孩子展现出的友善行为，并为孩子贴上人格标签，例如在有客人来时，在孩子听得到的情况下，跟客人说："我们家这个儿子很棒，很懂事很会照顾妹妹，我真的很高兴！"之类的，尽量让孩子有机会听到自己是多么友善，爸妈是多么以他为荣。

只要父母站在同一阵线，家庭气氛是好的，小时候打打闹闹的孩子，终究会随着长大感情越来越好，爸爸妈妈不用太担心的！

chapter 5

黏人孩子的分离焦虑

健康的安全依附帮助孩子建立良好的亲子关系，不健康的依附则可能造成孩子日后的人际障碍。

父母应主动调整依附关系

孩子会依附主要照顾者，原本是很自然的现象。在正常的情况下，随着孩子长大，孩子对父母的依附会慢慢从身体上的依附转变成心理上的依附。意思是说，从原本一定要妈妈抱或一定要爸爸在身边，一下子都不能离开，慢慢变成只要父母在看得见的地方，他就可以放心地去玩、去探索；甚至，只要父母承诺离开后等一下会回来，他也可以安心地玩或做自己的事，不会急着一直哭或一定要找爸妈。

但有些孩子的发展并不这么顺利，他一直要黏在爸爸或妈妈身边，很怕爸妈会离开，一看不见父母，就非常焦虑非常紧张，难以安抚。

面对这种情况，父母的反应很不同，有的父母觉得孩子这么爱我、这么需要我，我真的很重要；有的觉得很麻烦，变得什么事都没办法去做。事实上，孩子过度黏人并不是健康的反应，显示孩子对于与父母的关系并没有足够的安全感，在心理上觉得他一放手，父母就会不见或不理他。

会有这种反应的孩子，常见的状况之一是与主要照顾者的依附关系不安全，父母一直没有办法和孩子达成合适的互动，孩子需要的父母未能适当给予，或孩子不需要的父母一直强迫，这种平常就关系紧张的亲子，我们会看到爸妈常常在跟孩子生气，孩子也一直很不合作，但面临需要短暂分离的情境时，孩子反映出来的不是疏离冷漠，反而是会一直紧抓着父母不放。

这种状况表示，爸爸妈妈要重新调整对待孩子的方式，不要任由不好的依附模式继续下去。建议父母先放下自己的脾气，仔细观察孩子的反应和需要，练习稍微顺着孩子一点去响应他，也要求自己在对待孩子的时候要有一点弹性和幽默，让亲子关系可以修复回来。**年幼的孩子没有能力自己去调整依附模式，需要父母主动去做这件事。**

父母信守承诺，可以改善不安全依附

顺带一提，我在亲职讲座的场合，常遇到许多妈妈焦虑地问我关于孩子教养的问题，我如果多问一句“孩子这种情况，你先生怎么反应”，很多妈妈就当场掉眼泪，让我深切感受到许多妈妈在教养孩子的路上是多么孤立无助。虽然华人社会很容易把教养孩子的责任都推给妈妈，但教养孩子绝对不是妈妈一个人的事，爸爸也要进来帮忙，如果爸爸实在没有办法帮忙照顾孩子，至少要做到好好照顾老婆。当爸爸的人要爱护妻子，让妻子不要压力那么大，她才会有好的体力和脾气去照顾孩子。

另外，过度分离焦虑常见的原因还有孩子曾有过不好的经验，爸爸妈妈以前曾经在没有清楚告知的情况下离开他，或是承诺他会立刻回来，却没有出现。若是这种状况，则父母要好好重新建立信用，放下身段为之前的不守信用或突然消失跟孩子道歉，之后，要离开时一定要跟孩子讲清楚，给承诺后一定要依约出现，先从短的时间做起，爸爸妈妈说指针走到几会回来，就一定会回来，“如果我乖乖等，爸妈回来还会奖励我”，1 次、2 次、3 次，孩子发现爸妈真的是可相信的，而且放心让爸妈离开一下下，还有小礼物可期待，渐渐的，紧迫黏人的状况就会改善。

最后，还有一些情况是，父母本身也跟孩子难分难舍，孩子一黏着哭，爸妈就心疼得不得了，欲走还留，双双泪眼相对。说起来有点夸张，但如果到幼儿园去看看，会发现这样的爸妈还真不少，有分离焦虑的其实不是孩子而是爸妈，孩子只是因为看到爸妈的反应，跟着哭闹罢了。我们在幼儿园常见的状况是，早上带来时，孩子和爸妈生离死别似的不忍放手，但爸妈一走，孩子就立刻没事，好好的、开开心心地玩一整天，等到下午爸妈要来接的时候，他又开始哭，结果给父母一个印象是，孩子为了找爸妈哭了一整天！建议有这种情况的父母，询问一下老师孩子的状况，别再过度操心了。

健康的依附帮助孩子建立良好的亲子关系，不健康的依附则可能造成日后的人际障碍，当孩子有过度的焦虑时，父母请检视一下自己平常和孩子的互动状况，做一点调整，才能让亲子关系有健康正面的发展。

chapter 6

瞎掰？说谎？真真假假分不清

“昨天我和巧虎去公园玩。”“老师说我很棒，给我 10 朵小红花。”“弟弟把爸爸的计算机弄坏了……”当孩子说出与事实相违背的话时，爸爸妈妈该怎么反应呢？

关于孩子的“说谎”，父母在响应的时候要做一点分辨。通常孩子说谎的情况是基于下列几种状况：

1. 无法分辨想象与真实

年幼的孩子会觉得很多东西都是有生命的，也会把玩偶想象成自己的友伴，爱着、抱着、跟玩偶说话，这些现象都是很自然的，也是孩子的童心和创意的来源，因此，孩子可以接受“太阳公公起床了”“巧虎是我的好朋友”“如果弄坏玩具，玩具会痛痛”这样的想法。因为有这样的状况，孩子有时会把自己的想象当成真的，并告诉爸爸妈妈，这种情况只是反映孩子的幻想，爸爸妈妈不宜以说谎看待，只要回应“喔……真的喔……好有趣啊……”淡化处理即可，不用刻意抹杀孩子的想象，但也没有必要去强化它。

2. 夸大炫耀或博取赞赏

有时孩子会为了获得赞美或引人羡慕，说一些并未发生的事来博取注意。例如，跟父母说老师称赞了他，或是他有什么好表现，但求证后发现其实是发生在别的同学身上的事；或是跟别人说“我有很多个变形金刚玩具”或“我昨天去迪士尼乐园玩”之类的，但事实上并没有这回事。在这种状况下，孩子说的就真的是谎言了，这些内容其实反映了孩子内心的渴望，但不宜让孩子用这种方式自我满足。遇到这种状况，父母可以用温和的口吻直接点破，例如“老师说昨天图画得很好的是……你也很想要画好对不对，那你要不要试试看……”让孩子知道你已经知道他说的不是事实，但也提供他如果想达成可以怎么做的建议；或是“我们家并没有很多个变形金刚，没有这样的事，你不应该跟同学这样说。你如果想要玩具，可以跟妈妈说，我们来想想……”**爸爸妈妈要让孩子清楚明白，随便乱说是不可以的，但也让孩子知道，他的渴望父母是在乎的，他可以通过合宜的管道来表达。**

3. 逃避惩罚

这是孩子说谎最常见的理由，他做错事，怕被父母责骂或处罚，只好说谎保护自己。这是典型的说谎，但也反映出平常父母在响应孩子不当行为时，采取的是责罚而非教导的策略。发生这种状况，建议父母要调整方式，孩子的教养不是一下子就结束，孩子会长大，小时候靠说谎保护自己，有了成功的经验后，长大越说越顺，这绝不是我们乐见的。

在孩子做错事的时候，父母应该表达“难过”而不是“愤怒”，在我自己的研究中已发现，父母在教导孩子时，“情绪表达”比“说话的内容”更有影响力，在孩子做错事时表达难过的父母，可以有效引导孩子留意父母教导的内容，但在孩子做错事时父母如果展现高度的怒气，则孩子会把焦点放在自己的恐惧上，对于父母说了什么回忆量很低。所以，要杜绝孩子为了保护自己而引发的说谎，父母要提醒自己，始终以温暖和无威胁的态度对待孩子，他做错事，父母要教导他，让他知道如何改变，并为自己做的事负起责任，而不是去处罚他了事，**单纯的处罚没有教导效果，孩子既没有学到新的行为，也没有为自己的错误行为付出合理的代价。**

4. 恶意

很少数的状况下，孩子会因为恶意而说谎。例如，很讨厌弟弟，他就说弟弟的坏话，或是他在学校不乖被老师纠正，他回家就说老师的不是，这种情况父母就要小心回应，因为孩子在心中已有伤害和怒气才会这样做，孩子显然困在当中自己无法解套。这个时候父母要正视孩子的困难，用心去帮助他，不要纠结在孩子说谎这个点上，而要仔细去了解状况，从根源解决问题。例如好好处理手足间的纷争（可以参考之前的章节“没完没了的吵架和告状”），或是跟学校老师沟通，协助孩子适应学校生活。问题的根源解决了，才能帮助孩子从伤害和怒气中解脱出来，重新恢复纯真和善良，这样才是真正帮助孩子。

chapter 7

动不动就生气、唱反调

有些孩子聪明有余，但脾气实在太坏，动不动就生气，甚至跟父母唱反调，弄得爸爸妈妈也很火大，亲子大战的结果常是两败俱伤，孩子变得更爱生气，爸妈则开始怀疑自己教养的能力。

排除生理不适

面对经常生气的孩子，父母第一个要检视的是，孩子的日常作息是不是需要调整，例如孩子是不是每天都太晚睡，以至于白天必须起床却精神不济；孩子是否严重偏食或缺乏特定的营养素，以至于情绪不稳定；或孩子是否很少有运动的机会，导致身体循环不佳或荷尔蒙分泌不平衡。这些状况排除了，再来考虑调整响应孩子的方式。

如果不是生理状况造成，则爸爸妈妈就可以对孩子做一点简单观察：他都对谁生气？都在什么情况下生气？孩子的行为大概都会有个模式，通常只要留意一下，很快就会发现问题所在。

从重新建立良好关系开始

如果孩子总是对特定的人生气，例如只爱妈妈讨厌爸爸，爸爸讲什么他都不要、都要呛声，这时可以想一下，爸爸平常都是怎么对待孩子的，是不是爸爸本身也很容易发怒，但妈妈总是扮白脸，爸爸一生气妈妈就阻挡或维护孩子。在这种情况下，父母可能要重新调整对待孩子的方式，不要让爸爸或妈妈任一方在孩子眼中变成坏人。

简单的方法是，和孩子冲突最烈的一方，先暂时“搁置”和孩子冲突或纠结的点，不要再一直责骂或教训孩子，先从重新建立关系开始做起，可以做的事包括：无论如何，每天都找出一两件事赞美孩子，如果完全找不出可以赞美的事，跟孩子说“我很喜欢你”这样也可以；此外，每天给孩子一段“专属时光”，时间不用长，15 或 20 分钟就够了，跟孩子说，在这段时间你希望我陪你做什么都可以，孩子提出的任何要求，看是要讲故事还是玩玩具还是做什么，只要做得到尽量做，父母态度要好，要有耐心，不带评论纯陪伴。对于已经在和孩子对立的爸妈来说，要放下身段陪孩子，说得容易，但做起来并不容易，这时另一半要协助帮忙排除干扰，并多鼓励正在努力调整自己脾气的老公或老婆。**孩子的心其实是很柔软的，只要父母有心做，亲子关系一定可以修复。**

帮助孩子建立新的情绪反应回路

另外的状况是，孩子并不是对特定的人生气，而是情绪调控的能力很差，一有不如意就要发脾气，这种只知用生气来表达自己的挫折的孩子其实很需要帮助。这时父母可以从 2 方面同时进行，**第一是做“区别增强”**，不要再跟孩子说你“不要”做什么，而以正面论述，跟孩子说你“可以”做什么，先提供他新行为的建议，例如别再告诉孩子“你不要再生气了”，而是告诉他“你跟妈妈说你想要怎么样，妈妈帮你忙”。之后当孩子又乱发脾气的时候，当作没看到，就让他去生气，并发现再怎么生气都没有用，根本没人要理我，但当孩子试着用说的方式表达时，父母要立刻正面响应，赞美他用说的方式来表达，并提供他必要的协助，如此，一边削弱他的生气反应，一边建立新行为，可以让孩子建立新的情绪反应回路来面对挫折情境。

另一方面要做的则是调整孩子习惯性的负面思维或负面反应。经常生气的孩子，已经习惯用负面的眼光和方式面对环境，长期下来是很不好的。我们会发现大人也是这样，有些人好似天性乐观，总是开开心心地过日子，有些人就总是很忧郁或容易发怒，好像全世界都对不起他。要让孩子长成快乐的大人，从小就要帮助他建立正面的态度，孩子表现好的时候，赞美他的天赋，让他对于自己持久性的特质有信心；孩子表现不好的时候，更要肯定他的努力，提供必要的指导，让他知道只要我愿意，我就会进步，就可以变得更好，让他愿意付出努力，必要时，父母可以不着痕迹地适时调降给孩子做的事情的难度，让孩子有获得成功的机会和体验，再逐步提升任务的难度。

最后，**有快乐的爸妈才有快乐的孩子，情绪是会感染的，家庭气氛也是孩子快不快乐的主因之一**，如果孩子经常生气唱反调，有时是从大人的反应中学来的。所以爸爸妈妈要好好相爱，虽然生活压力难免，但总是要练习幽默一点，有弹性一点，开开心心的过日子，孩子生活在快乐的家庭中，自然也会少了脾气，多了快乐知足的心！

结语

北风与太阳

有个古老的童话故事“北风与太阳”，内容描述北风和太阳打赌，看谁可以让旅人脱下外衣。北风使尽全力要吹掉旅人的外衣，旅人却因受不住寒冷而越抓越紧，太阳则给予旅人温暖，旅人终于因为感到炎热而自己脱下了外衣。

教导孩子也是一样，用指责批评的方式对待他，他只会因为受到伤害而越加反抗，但如果用善意和温暖引导他，孩子终究会因为爱被满足了，而自己放下不当的行为。**每个孩子都渴望被爱，越被爱就越可爱，不被爱的孩子心里都是伤害**。希望每位父母都看见自己的职责，始终正面温暖善意的对待孩子，用心引导与陪伴，让教养孩子的过程，成为孩子此生最大的祝福，也是父母最值得回味的时光！

版权合同登记号：图字：30-2016-126 号

图书在版编目（CIP）数据

听宝宝说话 / 周育如著 . -- 海口：海南出版社，2017.1

ISBN 978-7-5443-6963-3

Ⅰ . ①听… Ⅱ . ①周… Ⅲ . ①婴幼儿 - 哺育 - 基本知识 Ⅳ . ① TS976.31

中国版本图书馆 CIP 数据核字 (2016) 第 311920 号

听宝宝说话

作　　者：周育如
监　　制：冉子健
责任编辑：孙　芳
策划编辑：刘申禺
责任印制：杨　程
印刷装订：北京盛彩捷印刷有限公司
读者服务：蔡爱霞
海南出版社　出版发行
地址：海口市金盘开发区建设三横路 2 号
邮编：570216
电话：0898-66830929
E-mail：hnbook@263.net
经销：全国新华书店经销
出版日期：2017 年 1 月第 1 版　2017 年 1 月第 1 次印刷
开　　本：787mm × 1092mm　1/16
印　　张：11.25
字　　数：154 千
书　　号：ISBN 978-7-5443-6963-3
定　　价：36.00 元